호텔 · 외식 경영에 필요한

# 기초 식품 조리 원리

서제원 · 이홍경 저

한올출판사

# 머리말

대학의 외식산업, 호텔, 관광 관련 학과에서 식품 및 조리학에 관한 과목이 개설되어 왔으나 그동안 식품영양학적 방향인 이공계 수업이 이루어져 왔다. 이제는 외식산업도 하나의 독립된 학문으로서 다른 학문과 확실한 차별성을 부각시켜야 하며, 하나의 류(流)를 이룰 때라 생각된다. 이러한 뜻에서 외식산업에 맞는 식품 및 조리학 교재에 대한 필요성을 느끼게 되었다.

외식산업이라는 학문은 이론을 통해서만은 결코 완성될 수 없는 실용학문이다. 풍부한 경험과 다양한 실제 자료들을 바탕으로 한 체계적인 지식의 틀을 세우는 것이 더욱 중요한 학문이다. 호텔·외식산업은 실용학문으로서 자연과학이 아닌 사회과학 분야이므로 어떠한 과학적인 법칙이 존재하는 것은 아니다.

호텔이나 관광, 외식을 전공하면서도 식품 및 조리학에 대한 기초적인 지식과 관심이 부족한 것이 현실이다. 호텔·외식산업을 전공하더라도 최소한 이 책에 나와 있는 정도의 기초지식은 있어야 앞으로 취급하는 상품(음식)에 대하여 올바른 해석을 할 수 있으리라 생각된다. 여기에서 해석이라 함은 우리가 흔히 오케스트라의 지휘자에 따라 같은 곡이라도 다르게 해석하는 것과 같이 상품(음식)도 같은 맥락의 해석이 있어야 한다고 생각된다.

이 책을 통해서 호텔·외식산업을 전공하는 후학들에게 보다 실질적인 도움이 되기를 바란다. 앞으로 시간이 허락되어진다면 그동안의 저자 경험, 이론, 방대한 실제 자료들을 정리하여 외식산업의 전반에 대한 이론을 체계적으로 정리하고자 한다.

이 책을 사랑하는 가족들에게 바친다.

2004년 7월 自然經室을 이으며
2007년 春　　　　　저자 씀

## 제1장 총 론 / 1



## 제2장 수분(Moisture) / 17



## 제3장 탄수화물(Carbohydrate) / 23



## 제4장 탄수화물식품과 조리 / 35

## 제5장 지질(Lipid) / 53



## 제6장 지질식품과 조리 / 69



## 제7장 단백질(Protein) / 81



## 제8장 단백질식품과 조리 / 97

## 제20장 재미있는 식품 이야기 / 253

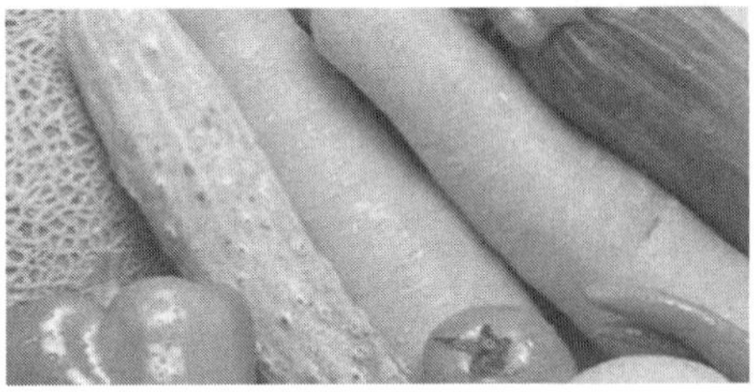

제 1 장

# 총 론

# 1. 식품(food)

인간은 항상 건강하고 즐거운 생활을 영위하려 한다. 그러기 위한 기본이 되는 생리현상이 식생활이라고 생각한다. 인간은 식생활을 통하여 외부로부터 필요한 물질을 섭취함으로서 우리 몸의 체조직 구성, 기능조절 등을 위한 여러 가지 영양소를 얻는다.

이와 같이 섭취된 물질 중에 함유되어 있으며 생명유지에 꼭 필요한 성분을 영양소(nutrient)라고 하며 그 영양소를 한 가지 이상 함유하고 있으며 유해성분이 들어 있지 않은 조리, 가공되기 전의 물질을 식품(식료품, food)이라 한다.

우리에게 필요하며 중요한 영양소를 단백질(protein), 지질(lipid), 탄수화물(carbohydrate), 무기질(mineral), 비타민(vitamin), 5종으로 나누며 이를 5대 영양소라 한다. 물은 중요한 물질이지만 손쉽게 섭취할 수 있으므로 영양소 중에는 넣지 않는 경우가 대부분이다. 한편 우리가 섭취하고 있는 것 중 영양분은 거의 들어있지 않으나 식품의 색, 냄새, 맛 등을 배가시켜 식욕 등을 증가시키는 것을 기호식품(favorite food)이라 하며 커피, 각종 차 류, 조미료 등을 예로 들 수 있다.

식품학이란 우리가 섭취할 수 있는 식품에 대해 배우고 해석을 하며 그것이 우리 몸에서 어떠한 기능을 하는지를 알게 하는 학문이다.

외식산업의 경영자는 고객들에게 제공되는 상품(음식)에 최소한의 영양을 균형있게 함량 시켜야할 책임과 의무가 있다. 좋은 음식이란 맛좋은 음식 이상의 것이며, 우리 몸에 필요한 영양소가 골고루 갖추어져 있어야 한다.

# 2. 식품의 분류와 기초 식품군

## 1) 식품의 분류

사람이 일상 시 식생활을 통하여 이용하는 식품은 약 300여종이 되며 기근, 재해 등의 위급시에 식용하는 구황(救荒)식품을 포함하면 약 2,000여종으로 늘어난다. 이와 같이 식품에는 수많은 종류가 있으므로 여러 가지 측면에서 분류를 하여 보면 다음과 같다.

① 생산(지)에 의한 분류 : 농산식품, 수산식품, 축산식품, 임산식품

② 공급원에 의한 분류 : 식물성 식품, 동물성 식품

③ 소비성에 의한 분류 : 신선식품, 저장식품, 냉동식품, 통조림식품, 강화식품, 건강자연식품, 기호식품 등

④ 영양 성분에 의한 분류

- 탄수화물 식품 : 곡류, 서류, 설탕, 엿류 등
- 유지 식품 : 식물성 유지, 동물성 유지 등
- 단백질 식품 : 육류, 난류, 우유, 어패류, 대두 등
- 비타민 식품 : 녹황색 채소류, 과일류, 간 등
- 무기질 식품 : 생선류, 해조류, 우유 등

## 2) 기초식품군

식품을 구성하고 있는 성분은 여러 가지가 있다. 기초식품군은 비슷한 영양소를 공급하는 식품들끼리 묶어 분류해 놓은 것이다. 우리나라에서 사용하는 기초식품군은 우리가 일상 상용하는 식품의 주요 영양소와 기능을 근거로 하여 다음 표 1-1과 같이 5가지의 군으로 분류하고 있다.

**표 1-1** 기초식품군

| 식 품 군 | 주요 영양소 | 식품 종류 |
|---|---|---|
| 곡류 및 전분류 | 탄수화물 | 곡류, 면류, 빵류, 시리얼, 감자류, 과자류 |
| 채소 및 과일류 | 비타민, 무기질 | 채소류, 해조류, 과일류 |
| 고기, 생선, 달걀, 콩류 | 단백질, 비타민, 무기질 | 육류, 어패류, 난류, 콩류 |
| 우유 및 유제품 | 칼슘, 단백질, 비타민 $B_2$ | 우유, 유제품 |
| 유지, 견과 및 당류 | 지질, 탄수화물 | 유지류, 견과류, 당류 |

식품은 각기 함유하고 있는 영양성분이 다르므로 균형 있는 영양섭취를 위해서는 여러 가지 식품을 적절하게 먹어야 한다. 식량이 부족했던 시절에는 일반적으로 식단 구성에서 영양소가 결핍되지 않도록 하는데 관심을 두었으나 현대에 와서는 영양결핍뿐만 아니라 과잉 영양섭취로 인한 건강상의 여러 가지 문제점이 대두되면서 적절함과 균형있는 식단구성의 중요성이 강조되고 있다.

## 3. 식품의 화학적 성분

식품성분은 수분(moisture)과 고형물(solid matters)로 크게 나눌 수 있으며 고형물은 유기질과 무기질로 나뉘어 진다. 식품의 화학적 조성은 주로 단백질, 지질, 탄수화물, 비타민, 무기질을 함유하고 있는 일반성분과 식품의 색, 냄새, 맛, 효소, 독성 성분을 내용으로 하는 특수성분으로 크게 분류할 수 있다.

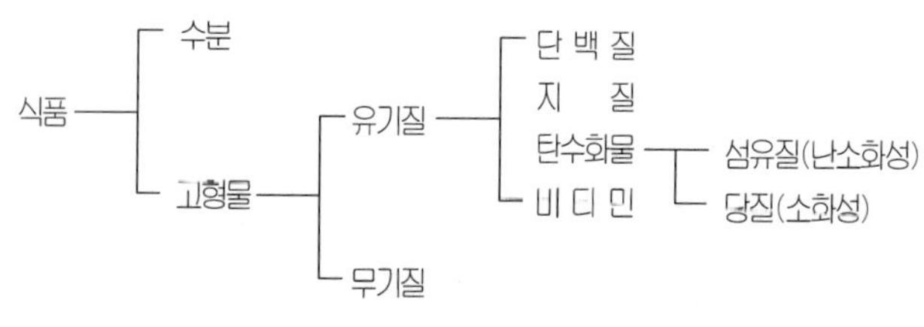

# 4. 식품학에 필요한 기초화학

식품(food)은 모두 순수 화학합성물(화합물)이거나 아니면 화학합성물의 혼합물이다. 따라서 식품의 성질 및 성질의 변화에 대하여 이해하려면 화학에 관한 기초지식이 필요하다.

## 1) 원자와 원소

생물이든 무생물이든 상관없이 모든 물질은 원자로 구성되었다. 원자는 3 종류의 입자 즉 양성자, 중성자, 그리고 전자로 이루어졌으며 양성자와 중성자가 모여 원자의 핵을 구성한다. 양성자는 양전하(+)를 띤 입자이고 중성자는 중성입자이다. 전자는 핵 주위를 회전하는 음전하(-)를 입자로, 원자를 구성하는 전자의 개수는 핵에 있는 양성자의 수와 동일하다.

가장 간단한 원자는 수소이다. 수소원자는 1개의 양성자로 구성된 핵과 핵 주위를 회전하는 1개의 전자로 이루어졌다.

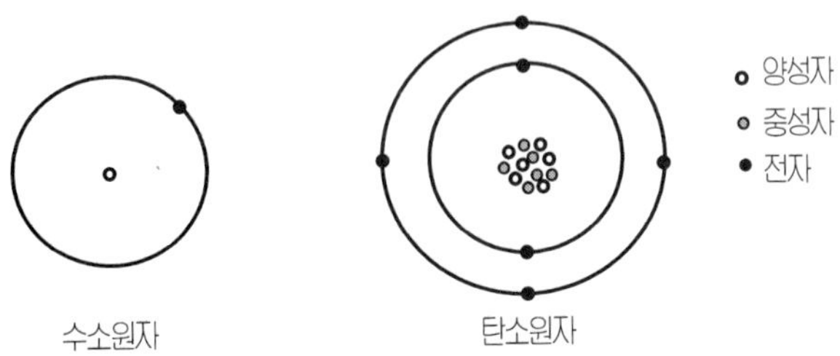


**그림 1-1** 원자의 구성

모든 원자들은 양성자와 동일한 수의 전자를 지니고 있으며 양성자와 전자는 반대로 하전되어 있지만 수가 동일하기 때문에 원자는 전기적으로 중성이다. 원소는 한 가지 종류의 원자만으로 구성된 간단한 물질이다. 원소는 현재까지 알려진 어떠한 화학반응으로도 분리시킬 수 없는 가장 간단한 기본물질이다. 원자란 원소의 형태를 지니고 있는, 그리고 원소의 성질을 지니고 있는 기본 최소입자라 할 수 있다.

### 2) 분자와 화합물

많은 원소들은 특히 기체상태에서는 원자 단독으로 존재하기 어려우며, 따라서 원자들끼리 서로 결합한 상태로 존재한다. 즉 2개, 또는 그 이상의 원자들이 결합하여 분자를 이룬다.

$$\underset{\text{(수소원자 1개)}}{H} + \underset{\text{(수소원자 1개)}}{H} \longrightarrow \underset{\text{(수소분자 1개)}}{H_2}$$

분자란 독립적으로 존재 가능하며 물질 고유의 성질을 지니고 있는 최소 단위로 정의할 수 있다.

서로 다른 원소의 원자들끼리 화학적으로 결합하여 분자를 구성하기도 한다. 물($H_2O$)을 예로 들면 2개의 수소원자와 1개의 산소원자가 결합하여 1개의 물분자를 구성한 것이다. 자연계에 있는 많은 원소들이 서로 결합하여 복잡한 형태의 물질을 이루며 이 물질을 화합물이라 한다.

화합물이란 2개 또는 그 이상의 원소들이 화학적으로 결합하여 이루어진 단일 물질이다. 즉, 분자란 존재할 수 있는 가장 작은 화합물 입자라 할 수 있다.

### 3) 혼합물

두 가지 또는 그 이상의 원소 또는 화합물이 화학적 결합이 아닌 물리적 혼합에 의하여 한 가지 물질을 구성할 수 있다. 이같이 물리적으로 섞여 한 물질이 형성되었을 때 이를 혼합물이라 한다. 화합물과 혼합물은 구분하여야 하며, 그 차이점을 살펴보면 표 1-2와 같다.

**표 1-2** 화합물과 혼합물의 차이점

| 화 합 물 | 혼 합 물 |
|---|---|
| · 조성이 일정하다<br>· 구성원소의 성질을 지니지 않는다<br>· 화학반응으로만 구성원소의 분리가 가능하다<br>· 예) 물, 소금, 이산화탄소 등 | · 조성이 일정하지 않다<br>· 구성원소, 또는 화합물의 성질을 그대로 지니고 있다<br>· 물리적 수단에 의하여 구성물질을 분리시킬 수 있다<br>· 예) 공기, 소금물, 우유 등 |

## 4) 산, 알칼리, 염

모든 식품은 수분을 함유하고 있으며 영양소들은 수분 속에 분산되어 있다. 물은 거의 대부분 분자의 형태로 존재하지만 분자 중 일부는 이온상태로 해리되어 있다.

$$\underset{\text{물분자}}{H_2O} \rightleftarrows \underset{\text{수소이온}}{H^+} + \underset{\text{수산이온}}{OH^-}$$

순수한 물은 수소이온의 수와 수산이온의 수가 동일하며 산성도 알칼리성도 아닌 중성이다. 어떠한 물질을 물에 용해시켰을 때 수산이온 대 수소이온의 비율이 달라질 수 있다. 이때에 수소이온의 수가 수산이온의 수보다 많으면 이 용액은 산성용액이라 하고 반대의 경우에는 알칼리성 용액이라고 한다.

※ 이온(ion) : 화학반응에서 전자를 받아들이거나 또는 잃어버림으로써 (+) 또는 (-) 전기로 하전된 상태의 원자 또는 원자단을 말한다.

### (1) pH

pH란 용액의 산도 또는 알칼리도를 나타내는 지표이다. pH는 용액 중의 수소이온 농도에 근거하여 계산된다.

$$pH = \log_{10} \frac{1}{[H^+]}$$

수소 이온의 농도가 증가함에 따라 pH는 감소한다. pH의 범위는 0~14 까지로 중성이 7이다.

0 ⟵ 7 ⟶ 14

산도증가 ⟵ 중성 ⟶ 알칼리도 증가

(2) 산

산은 물에 용해되어 수소이온($H^+$)을 형성하는 물질이다.

예를 들면

$$HCl \longrightarrow H^+ + Cl^-$$

염산 수소이온 염소이온

▶ 산의 성질

① 산의 pH 범위는 0에서 7이다.

② 산은 신맛을 지닌다.

③ 진한 강산의 용액은 부식성을 지니며, 피부와 의복을 손상시킬 수 있다.

④ 산은 탄산염 또는 중탄산염과 반응하여 이산화탄소를 방출한다. 베이킹파우더의 팽창제 기능은 이 반응에 기인한다.

### (3) 알칼리

알칼리는 물에 용해하여 수산이온($OH^-$)을 형성하는 물질이다.

알칼리 물질은 흔히 금속의 산화물 또는 수산화물로, 수산화나트륨 같은 물질이 알칼리 물질이다.

$$\underset{\text{수산화나트륨}}{NaOH} \longrightarrow \underset{\text{나트륨이온}}{Na^+} + \underset{\text{수산이온}}{OH^-}$$

▶ 알칼리의 성질

① 알칼리의 pH 범위는 7에서 14까지이다.

② 알칼리는 쓴맛을 지닌다.

③ 알칼리 용액은 비눗물 같이 미끈미끈한 감촉을 지닌다.

④ 농축알칼리 용액은 부식성이 있다.

### (4) 염

염은 이온 화합물로 금속과 산의 반응, 또는 중화반응에 의하여 형성된다.

예를 들면

$$\underset{\text{아연(금속)}}{Zn} + \underset{\text{황산(산)}}{H_2SO_4} \longrightarrow \underset{\text{황산아연(염)}}{ZnSO_4} + \underset{\text{수소}}{H_2}$$

▶ 염의 성질

① 염은 대체로 비등점이 높으며 고체로 결정화시킬 수 있다.

② 염은 수용액 상태에서 흔히 pH7, 즉 중성이다. 그러나 모든 염 용액이 중성인 것은 아니다.

③ 염은 종류에 따라 용해도가 각기 다르며 대부분 물에 용해된다.

#### (5) 중화

중화란 산과 알칼리가 반응하여 염과 물을 형성하는 것이다.
예를 들면

| HCl | + | NaOH | ⟶ | NaCl | + | $H_2O$ |
|---|---|---|---|---|---|---|
| 염산(산) | | 수산화나트륨(알칼리) | | 염화나트륨(염) | | 물 |

양모로 만든 옷은 비누세탁 후 식초를 사용하여 헹구는 것이 좋다. 이는 알칼리성의 비누용액이 양모를 손상시킬 수 있는데 식초를 사용하여 헹구면 알칼리가 중화되어 옷감을 보호할 수 있기 때문이다.

### 5) 화학팽창제

베이킹파우더(baking powder)에 물을 첨가하고 가열하면 이산화탄소가 발생되는데 이 이산화탄소 기체의 발생으로 인하여 빵이 부풀게 된다. 베이킹파우더에는 흔히 중탄산나트륨(중조)과 산성분이 포함되어 있다. 물을 첨가하면 베이킹파우더의 산과 중탄산나트륨이 반응하여 염을 형성하는 동시에 물과 이산화탄소가 생성된다.

산성분으로 가장 흔히 사용되는 물질이 주석산, 수소칼륨이다. 시중에서 판매되는 베이킹파우더는 지연팽창용 성분과 즉석팽창용 성분을 함께 포함하고 있다. 그리고 옥수수전분 같은 충진제도 들어있는데 충진제는 베이킹파우더의 습기를 제거하고 조리이전에 팽창성분들끼리 서로 반응하는 것을 막아주는 역할을 한다.

### 6) 산화 및 환원

#### (1) 산화

산화란 원소 또는 화합물이 산소와 결합하는 반응이다. 예를 들어 철에 녹이 스는 것은 금속이 산소와 결합하여 산화물로 전환된 것이다.

산화과정의 예를 보면 다음과 같다.

① 연소는 어떤 물질이 산소와 결합하여 산화물로 전환되는 것이다. 연소과정에서 열과 빛이 방출된다.

② 호기성 호흡은 포도당의 산화에서와 같이 식품이 산소와 반응함으로써 에너지를 유리시키는 과정이다.

③ 표백은 색깔 있는 화합물이 산소와 반응하여 색깔이 없는 물질로 전환되는 것이다.(밀가루를 표백할 때 이산화염소를 사용한다)

④ 유지의 산패는 지방산에 산소가 첨가되어 과산화물이 생성되는 반응으로 변향(變香)을 유도한다.

⑤ 효소적 갈변은 효소의 촉매 하에 식품성분이 공기 중의 산소와 반응하여 갈색화합물을 형성하는 것이다.

### (2) 환원

환원이란 산화의 역반응 즉, 수소의 첨가 또는 산소의 제거반응으로 공기 중에 수소가 없기 때문에 환원반응의 예는 산화반응만큼 흔하지 않다.

환원과정의 예를 보면 다음과 같다.

① 광합성 : 광합성은 녹색식물에서 일어나는 반응으로 이산화탄소와 물을 이용하여 포도당과 산소를 만들어낸다.

$$\underset{\text{이산화탄소}}{6CO_2} + \underset{\text{물}}{6H_2O} \longrightarrow \underset{\text{포도당}}{C_6H_{12}O_6} + \underset{\text{산소}}{6O_2}$$

② 기름의 경화 : 식물성 기름에 수소를 첨가하면 기름이 경화되어 고체의 지방으로 전환된다.(마가린 제조에 이용)

### 7) 진용액

물은 소금, 설탕, 수용성 비타민, 무기질과 같은 분자량이 비교적 작은 물질들을 용해시킨다. 이러한 용액을 진용액이라고 하며, 분산용액의 유형 중 입자의 크기가 가장 작고 안정한 상태의 용액이다.

① 불포화용액(unsaturated solution)

일정온도에서 용매가 녹일 수 있는 것보다 적은 양의 용질을 함유하여 용액으로 변하려는 경향이 큰 상태의 용액을 말한다.

② 포화용액(saturated solution)

일정온도에서 용매가 녹일 수 있는 양만큼의 용질을 함유하고 있어 용매와 용질이 평형을 이루는 상태의 용액을 말한다.

③ 과포화용액(supersaturated solution)

일정온도에서 용매가 녹일 수 있는 양 이상의 용질을 함유하여 용액에서 용질이 분리되어 고체로 되돌아가려는 성질이 큰 용액을 말한다.

### 8) 교질용액

식품에 함유되어 있는 여러 가지 성분 중에서 진용액을 형성하지는 않으나 어떤 물질 속에 작은 입자의 다른 물질이 균일하게 분산된 상태의 용액을 교질용액(colloidal solution)이라고 한다.

교질용액을 형성하는 분산물질의 입자는 브라운운동(Brownian movement)에 의하여 분산된 상태를 유지하는 것이다.

교질용액 중에 분산되어 있는 용질의 크기는 진용액과 현탁액 용질의 중간크기를 가진 교질(colloid)이다. 교질의 입자는 1~100㎚ 정도로 매우 작으며 여과하면 걸러지고, 보통 현미경으로는 볼 수 없으며 특수한 한외현미경(ultramicroscope)을 사용하여야만 볼 수 있다. 즉 분산입자가 가라앉을 만큼 크지도 않으며 또 진용액을 형성할 수 있을 만큼 작지도 않다.

교질용액은 이처럼 분산되어 존재하므로 용매, 용질, 용액이라는 용어 대신 분산매, 분산질(상), 분산계라는 표현을 사용한다. 교질은 분산질과 분산매의 형태(고체, 기체 또는 액체)에 따라 여러 가지로 분류한다.

■ 브라운 운동(Brownian movement)

졸(sol)상태의 교질은 분산매인 물과 분산질인 입자의 분자들끼리 서로 충돌하여 모든 방향으로 움직이고 있기 때문에 중력에 저항하며 가라앉지 않고 지속적으로 분산되는 활동상태를 말하는 것이다.

식품에서 흔히 볼 수 있는 교질상태를 보면 표 1-3과 같다.

**표 1-3 교질의 종류**

| 일반명칭 | 분산질 | 분산매 | 예 |
|---|---|---|---|
| 거 품 | 기 체 | 액 체 | 맥주거품, 휘핑크림 |
| 고체거품 | 기 체 | 고 체 | 빵, 케이크 |
| 유화액 | 액 체 | 액 체 | 우유, 마요네즈, 크림 |
| 겔(gel) | 액 체 | 고 체 | 젤리, 양갱, 두부, 치즈 |
| 졸(sol) | 고 체 | 액 체 | 달걀흰자, 수프 |

(1) 졸(sol)

교질용액 중에서 분산매가 액체이고, 분산질이 고체이거나 액체가 분산되어 있으며 전체가 액체상태를 띠고 있어 흐를 수 있는 상태를 말한다.

예를 들면 우유, 전분액, 된장국, 수프 그리고 한천, 젤라틴 등에 물을 넣고 가열하여 녹인 것 등을 들 수 있다.

(2) 겔(gel)

졸이 냉각에 의해 응고되거나 분산매의 감소로 반고체화된 상태를 겔이라 하며 예를 들면 젤리, 묵, 삶은 달걀, 양갱, 치즈 등이 있다.

겔은 때로 졸로 되돌아갈 수 있다. 젤리를 가열하면 액체형태의 졸이 된다.

옥수수전분은 졸과 겔 어느 것도 형성할 수 있기 때문에 식품의 농후제로 활용된다.

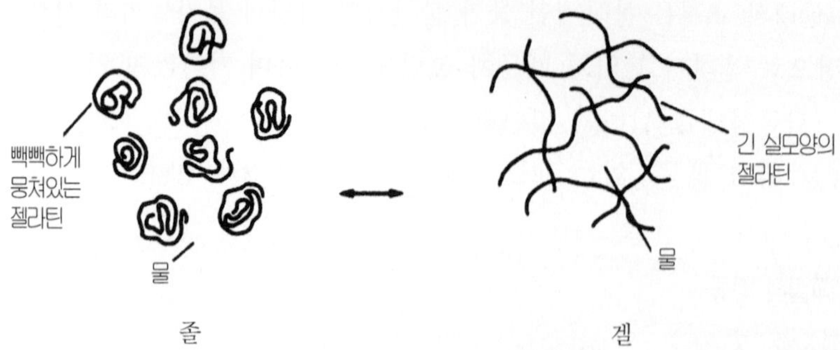


**그림 1-2** 겔(gel)의 형성과정

### 9) 유화액

한 액체가 그것과 혼합될 수 없는 다른 액체에 작은 방울로 분산되어 있는 상태를 말한다. 즉, 분산매가 액체이며 분산질도 액체인 교질상태를 유화액(emulsion)이라 한다. 이 때 분산되어 있는 액체 입자의 직경은 0.1～10㎛의 범위이다. 유화액은 물로 이루어진 분산매에 기름방울이 분산된 형태의 수중유적액(O/W : oil in water)과 기름으로 이루어진 분산매에 물방울이 분산된 형태의 유중수적액(W/O : water in oil) 2종류로 구분된다.

유화 식품의 예를 보면 표 1-4와 같다.

**표 1-4** 유화 식품

| 유화액의 유형 | 식품의 예 |
| --- | --- |
| 수중유적형 | 우유, 크림, 마요네즈, 아이스크림 |
| 유중수적형 | 버터, 마아가린, 달걀노른자 |

### 10) 현탁액

현탁액(suspension)은 용질의 입자가 100nm 이상으로 매우 크거나 복잡해서 저어주면 잠시 섞여 있다가 곧 용매와 분리된다. 이러한 성질의 용액을 현탁액이라 한다.

예를 들어 찬물에 전분입자를 넣어 저어주면 부유상태로 현탁되며 가만히 두면 용기 밑으로 가라앉게 되는데, 다시 저어주면 부유상태로 돌아간다.

### 11) 거품

거품(foam)은 분산매인 액체에 공기와 같은 기체가 분산되어 있는 교질용액을 말하며, 식품의 조직감과 부피를 좋게 해준다. 거품을 이용하는 식품의 예에는 달걀흰자, 크림, 젤라틴, 농축우유 등이 있다.

거품은 온도와 밀접한 관계가 있어서 온도가 올라갈수록 저하되기 때문에 거품의 지속이 오래가지 않는다. 그 예로서 찬 맥주의 거품은 오래 유지되나 따뜻한 맥주의 거품은 잘 일어나고 쉽게 없어진다.

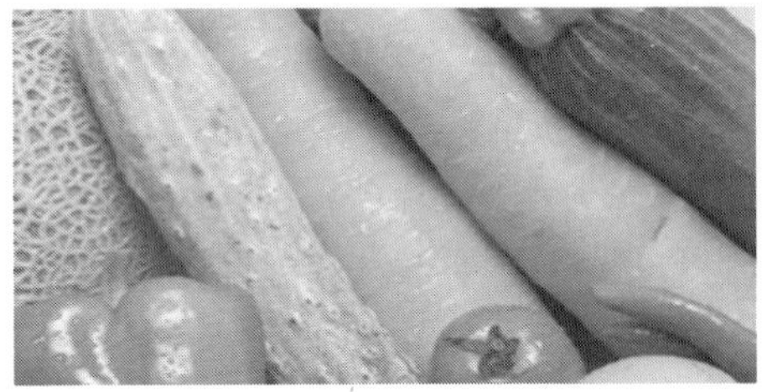

제 2 장

# 수분 (Moisture)

물은 생명 유지를 위한 필수성분이다. 살아있는 모든 생명체는 체내에 수분을 지니고 있다. 수분 중에는 에너지와 영양성분이 없으나 사람의 체내에는 수분이 65% 가량 함유되어 있다. 이 중에서 71% 정도가 세포내에 존재하고 22%는 장내 조직에 있으며 나머지 7%는 혈장에 함유되어 있다. 만약 10%의 수분을 손실하면 고통이 심해지고 20% 이상 손실되면 생명을 잃게 된다.

수분은 각종 영양소, 효소, 기타 화학물질을 분산시키는 분산매이며 생명 유지를 위한 모든 화학반응의 매체가 되기도 한다. 또한 수분은 식품의 중요한 성분으로서 식품의 성질, 외관 및 풍미 등에 영향을 주는 요인이 된다.

## 1. 수분(moisture)의 작용

식품 중의 수분은 식품의 물리, 화학적 구조와 조성에 따라서 작용이 다르며, 수분이 존재하는 형태에 따라서도 기능이 다르다. 식품에 존재하는 수분은 주로 친수성의 콜로이드(colloid) 물질에 흡수되어 가수분해에 의하여 겔(gel) 상태로 존재하거나 또는 식품의 내부 또는 외부에 얇은 분자층으로 흡착되어 존재한다.

이와 같은 수분의 기능은 식품에서 난용성인 물질과 유탁액을 만들어 분산시키며 친수성 고분자화합물인 단백질이나 전분과 콜로이드(colloid) 용액을 만들어 함수량에 따라 가역적으로 졸(sol)과 겔(gel)을 형성한다. 또한 물은 가용성 물질인 염이나 당 등을 용해하여 운반하는 역할을 한다.

인체 내에서의 수분의 역할을 보면

① 소화흡수된 영양소를 조직으로 운반해주며, 체내 대사에서 생긴 노폐물을 체외로 배설 시킨다.

② 영양소나 가용성 물질을 용해하여 체액의 pH 및 삼투압을 유지한다.

③ 체내의 화학반응의 조절작용으로 체내의 모든 대사과정에서 일어나는 화학반

응은 물을 필요로 하는 것이 많으므로 대사조절에 관여한다.

④ 체온조절 작용을 하는 등 많은 역할을 한다.

## 2. 식품 중의 수분

음식 없이도 몇 주일 동안은 지탱할 수 있으나 물 없이는 수일을 넘기기가 어렵다. 일상의 생활과정에서 수분은 지속적으로 손실되는 반면 체내에 저장은 될 수 없으므로 물은 자주 마셔야만 한다. 물은 또한 식품과 음료를 섭취함으로써 체내에 공급된다.

많은 양의 수분을 포함하고 있는 식품도 많이 있다. (참조 표2-1) 일반적으로 채소나 과일 중에는 90% 이상이 존재하며, 특히 조리한 육류에도 50~65%의 수분을 함유한다. 수분의 함량은 식품의 이화학적 특징에 영향을 미치게 되며 미생물학적 요인에 의한 식품의 변질에도 영향을 미치게 된다.

**표 2-1** 식품의 수분함량(%)

| 식품 | 수분항량 | 식품 | 수분함량 |
|---|---|---|---|
| 메 론 | 94 | 감 자 | 76 |
| 맥 주 | 93 | 달 걀 | 75 |
| 우 유 | 88 | 버 터 | 15 |
| 양배추 | 88 | 밀가루 | 13 |
| 사 과 | 84 | 설 탕 | 0 |

## 3. 자유수와 결합수

식품중의 수분은 보통의 물과 같은 형태의 자유수(free water)와 식품중의 고분자화합물(전분, 단백질 등) 등의 표면에 결합하고 있는 결합수(bound water)의 두 형태로 존재한다.

다음의 표 2-2는 자유수와 결합수의 성질을 비교한 것이다.

**표 2-2 자유수와 결합수의 성질**

| 자유수 | 결합수 |
|---|---|
| 1. 용매로서 작용<br>1. 건조시 쉽게 제거<br>1. 0℃ 시 쉽게 동결<br>1. 미생물이 이용 가능<br>1. 녹는점, 끓는점이 높다.<br>1. 4℃에서 비중이 제일 크다.<br>1. 비열이 크다.<br>1. 표면장력이 크다.<br>1. 점성이 크다. | 1. 용매로서 작용을 못한다.<br>1. 100℃ 이상 가열해도 제거되지 않음<br>1. 0℃ 이하의 낮은 온도에서도 잘 얼지 않는다.<br>1. 미생물이 이용 불가능<br>1. 자유수보다 밀도가 크다.<br>1. 큰 압력에도 제거 불가 |

## 4. 수분활성(water activity)

수분이 많은 식품은 미생물이 번식하게 되며 부패가 일어나기 쉽고 반면에 흡수성은 적어지나 건조성은 커진다. 식품의 수분평가는 그 수분의 양 보다 그 성상을 문제로 할 필요가 있다.

식품은 그 표면의 물의 수증기압이 대기 중의 수증기압과 같으면 건조와 흡습이 일어나지 않는다. 이와 같이 안정한 상태의 수분을 평형수분이라고 한다. 그러나 실제로는 대기 중의 온도는 일정하지 않기 때문에 식품의 수분량은 평형을 유지할 수 없다. 이와같이 식품이 가지고 있는 수분의 성상을 나타낸다는 것은 매우 어렵기 때문에 수분활성(Aw : water activity)을 측정하는 방법을 사용하는 것이다. 식품을 밀폐용기에 넣고 수분이 출입하지 못하도록 하면, 식품의 수분이 용기내의 상대습도와 평형상태를 유지하게 된다. 이와 같이 평형에 도달했을 때의 식품의 수증기압을 평형상대습도 또는 수분활성도라고 한다.

순수한 물의 Aw는 1이며 식품의 수증기압은 순수한 물의 수증기압보다 작으므로 Aw < 1 이다

수분활성이 큰 식품일수록 미생물이 번식하기 쉬우며 저장성도 나쁘다. 일반적으로 미생물의 생육에 필요한 최저 수분활성도는 세균(virus) : 0.91 효모(yeast) : 0.88 곰팡이(mold) : 0.80 이다.

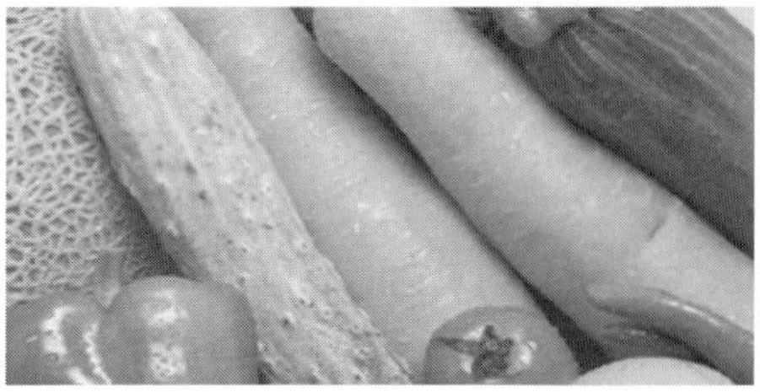

제 3 장

# 탄수화물 (Carbohydrate)

탄수화물(carbohydrate)은 에너지 공급 및 생물체 구성에 기여하는 영양소 가운데 하나이며 1g당 4Kcal의 열량을 낸다. 탄수화물은 탄소(C), 수소(H), 산소(O)의 세 원소로 이루어진 화합물이다.

탄수화물이라고 하면 $C_6(H_{10}O_5)n$의 실험식에 상당하는 화합물 및 이와 관련된 것들을 지칭하고 있으나 탄소와 물이 결합된 화합물이 아니므로 탄수화물이라는 말 대신에 일반적으로 당질(glucoside)이라고 부르는 경우가 많다.

식물체의 광합성 작용에 의해 만들어지며 그 과정을 보면 다음과 같다.

$$\underset{\text{이산화탄소}}{6CO_2} + \underset{\text{물}}{6H_2O} \longrightarrow \underset{\text{포도당}}{C_6H_{12}O_6} + \underset{\text{산소}}{6O_2}$$

탄수화물은 종류가 수없이 많으나 분자의 크기에 따라 단당류(monosaccharides), 이당류(disaccharides), 다당류(polysaccharides)로 분류할 수 있다.

## 1. 단당류(monosaccharides)

단당류(monosaccharides)는 탄수화물의 구성단위로서 더 이상 가수분해 되지 않는 당류이며, 분자내의 탄소 수에 따라 3탄당, 4탄당, 5탄당, 6탄당 등으로 구별된다. 식품에 들어있는 단당류는 대개 6탄당으로 $C_6H_{12}O_6$의 분자식을 지닌다. 단당류는 단맛을 가지고 있으며 물에 잘 용해된다.

### 1) 포도당(glucose)

포도당(glucose)은 포도 같은 과일류에는 비교적 다량 함유되어 있으며 채소류에는 소량 함유되어 있다. 동물 체내에는 글리코겐(glycogen)의 구성성분으로 존재하며 동물의 혈액 중에 유리상태로 0.1% 정도 존재한다. 또한 전분, 셀룰로오스(cellulose)의 구성성분으로서 다량 존재한다.

### 2) 과당(fructose)

과당(fructose)은 포도당과 함께 여러 종류의 과일, 꽃 등에 존재하며 특히 벌꿀에 많이 함유되어 있다.

과당은 화학적으로 포도당과 매우 유사하나 단독으로는 아직 식품가공 등에 이용되지 않고 있다. 감미도는 설탕을 100으로 했을 때 173 정도로 당류 중 감미가 가장 강하다.

### 3) 갈락토우스(galactose)

갈락토우스(galactose) 단독물질로는 자연식품에서 찾아볼 수 없으며 유당(lactose)의 구성성분으로 포유동물의 유즙에 함유되어 있다.

갈락토우스 역시 화학적으로는 포도당과 매우 유사하며 동물체내에서 단백질 또는 지질과 결합하여 뇌와 신경조직에 존재한다.

## 2. 이당류(disaccharides)

이당류(disaccharides)는 단당류 2분자가 결합함으로서 형성되며 이때 물이 1분자 빠져나간다. 일반분자식은 $C_{12}H_{22}O_{11}$이다.

$$\underset{\text{단당류}}{C_6H_{12}O_6} + \underset{\text{단당류}}{C_6H_{12}O_6} \longrightarrow \underset{\text{이당류}}{C_{12}H_{22}O_{11}} + \underset{\text{물}}{H_2O}$$

위의 반응식에서 보여주듯이 저분자 물질이 결합하여 고분자 물질을 형성하는 과정에서 물과 같은 저분자 물질이 제거되는 반응을 축합반응이라 한다.

### 1) 자당(서당, 설탕, sugar)

식물체가 포도당(glucose)과 과당(fructose)을 축합시킴으로써 만들어낸다. 많은 종류의 꽃, 과일, 채소 등에 존재하며 특히 사탕수수줄기와 사탕무우(설탕함량 약 15%)에 다량 함유되어 있다. 우리가 사용하는 설탕은 이 두 가지의 원료에서 추출한 것이다. 설탕의 생산과정에서 부산물로 남게 되는 당밀(molasses)을 발효시키면 럼주(rum)가 된다.

설탕은 시간, 온도에 따라 단맛이 변하지 않고 일정하게 유지되기 때문에 감미의 표준물질로 사용하고 있다.

### 2) 유당(lactose)

유당(lactose)은 포유동물의 유즙에만 들어있으며 유즙에는 유당 이외의 다른 당질은 없다. 유당은 포도당과 갈락토우스(galactose)의 축합반응에 의해 형성된다. 유당은 칼슘과 단백질의 흡수를 촉진시켜 어린이들의 성장에 기여한다.

### 3) 맥아당(maltose)

맥아당(maltose)은 포도당 2분자의 축합반응으로 형성되며 그 자체로는 자연계에 존재하지 않는다. 보리가 싹이 트는 과정에서 전분이 맥아당으로 분해되며 물엿에도 많이 함유되어 있다. 의약용이나 저칼로리의 감미료로서 건강식품으로 이용된다.

**▶ 전화당(invert sugar)**

자당을 산이나 효소로 가수분해하여 얻은 포도당과 과당의 등량 혼합물을 전화당(invert sugar)이라고 한다. 자연식품인 꿀 속에 다량 함유되어 있는데 이것은 벌꿀의 타액 중에 있는 전화효소(invertase)에 의해 자당이 전화되었기 때문이다. 전화당은 수분을 보유하려는 성질이 있어 잼, 캔디 류 등의 제조에 이용된다.

▶ **당류(단당류, 이당류)**는 단맛을 지니며 설탕의 당도를 100으로 하여 비교해 보면 다음과 같다.

| 당 류 | 상대 감미도 |
|---|---|
| 설탕(sugar) | 100 |
| 포도당(glucose) | 74 |
| 과당(fructose) | 173 |
| 갈락토오스(galactose) | 30 |
| 유당(lactose) | 16 |
| 맥아당(maltose) | 32 |
| ※전화당(invert sugar) | 130 |

▶ **축합반응에 의한 이당류의 형성**을 정리해 보면 아래와 같다.

포도당 + 포도당 → 맥아당 + 물

포도당 + 과당 → 설탕 + 물

포도당 + 갈락토우스 → 유당 + 물

### ▶ 가수분해에 의한 단당류의 형성

당류의 가수분해 반응은 이당류의 형성반응인 축합반응의 역반응이다. 이당류는 가수분해 되어 단당류를 형성한다. 가수분해란 1개의 분자가 물과 결합하여 작은 분자로 분해되는 화학반응이다.

맥아당 + 물 → 포도당 + 포도당

설 탕 + 물 → 포도당 + 과당

유 당 + 물 → 포도당 + 갈락토우스

**▶ 당류의 캐러멜화(caramelization)**

당류를 고온에서 가열하면 푸르푸럴(furfural) 및 히드록시메틸 푸르푸럴(hydroxymethy furfural)이 생성된다. 이 두 중간생성물을 다시 중합하여 흑갈색의 중합생성물을 만든다. 이 현상을 캐러멜화(caramelization)라 하고 이 때 생긴 흑갈색의 중합생성물을 캐러멜(caramel)이라 한다. 주로 설탕을 이용하여 캐러멜을 만들며 약식, 간장 등 식품에 흑갈색을 내는 무해 인공색소로 사용한다.

## 3. 다당류(polysaccharides)

다당류(polysaccharides)는 수많은 단당류들이 축합반응에 의하여 결합된 고분자 물질이며 단맛이 없다.

단당류 분자 1개가 첨가될 때마다 물 분자가 1개씩 제거되며 일반 분자식은 $(C_6H_{10}O_5)_n$으로 n은 대단히 큰 수다. 식품에 함유되어 소화 흡수되는 소화성 다당류에는 전분(starch), 덱스트린(dextrin), 글리코겐(glycogen) 등이 있으며, 난소화성 다당류(식물섬유)로는 셀룰로오스(cellulose), 펙틴(pectin), 한천(agar), 알긴산(alginic acid) 등이 있다.

### 1) 전분(starch)

전분(starch)은 곡류와 감자류 등에 저장물질로 다량 축적되어 있다. 다시 말해 전분은 식물체의 주요 저장식량이다.

전분은 식물체의 광합성에 의해 생성된 포도당(glucose)의 중합체이나 실제로는 고분자 화합물인 아밀로스(amylose)와 아밀로펙틴(amylopectin)이라고 하는 2 종류의 구조가 다른 다당류의 혼합물이다. 식물체에 들어있는 전분 중의 아밀로스와 아밀로펙틴의 비율은 일반적으로 20~30% : 70~80% 정도이다. 찹쌀, 찰옥수수 등의 전분은 아밀로스는 함유되어 있지 않고 거의 아밀로펙틴으로만 되어있다.

· 아밀로스(amylose) : 아밀로스 분자는 일반적으로 50~500여개의 포도당으로 이루어 졌으며 직선의 사슬형태로 연결되어 있다.

· 아밀로펙틴(amylopectin) : 아밀로펙틴 분자는 일반적으로 1,000여 개 이상의 포도당으로 이루어졌으며 가지 친 사슬형태로 연결되어 있다.

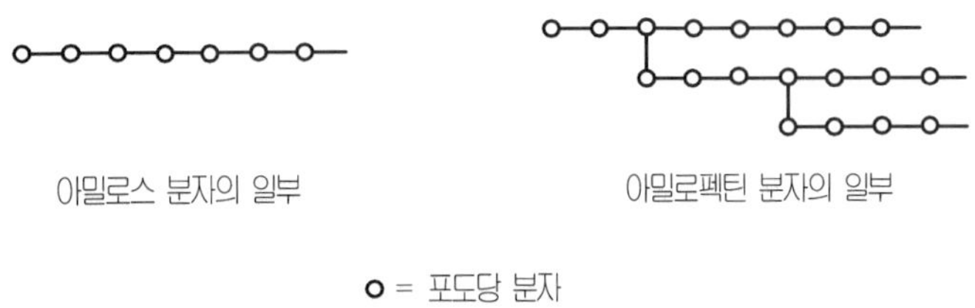


**그림 3-1** 아밀로스와 아밀로펙틴의 분자구조

식물체 속의 전분입자는 작은 결정 또는 과립의 형태를 이루고 있으며 식물체의 종류에 따라 형태 및 크기가 각기 다르다. 전분과립의 바깥층은 전분분자들이 촘촘하게 겹쳐 있어 찬물은 스며들 수 없도록 되어있다.

전분과립의 형태를 보면 아래의 그림 3-2와 같다.

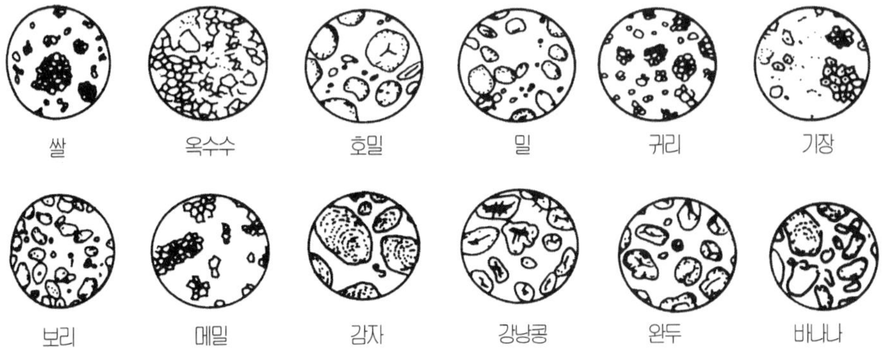


**그림 3-2** 각종 전분입자의 형태

### (1) 형태 및 용해도

전분은 희고, 무미, 무취의 가루이며 찬물에 용해되지 않는다. 비중이 1.55~1.65로서 물보다 무거워 물속에 침전되므로 전분(澱粉)이라 불리게 된 것이다. 같은 전분이라도 종류에 따라 이·화학적 성질이 다르기 때문에 그 특징을 살려서 조리, 가공 등에 널리 이용된다.

### (2) 전분의 호화 ( $\alpha$ 화)

전분입자는 아밀로펙틴(amylopectin)과 아밀로스(amylose)분자 상호간의 강한 결합력에 의하여 섬유상 집합체인 규칙적인 미셀(micell)구조를 이루고 있다. 이러한 생전분 입자를 $\beta$-전분이라고 한다. 생전분( $\beta$-전분)은 찬물에서는 분산되지 않으나 물을 가한 후 가열을 하면 열에너지의 작용에 의하여 전분분자와 물분자의 운동이 왕성하게 되어 미셀구조의 결합력보다 강하게 되어 전분입자의 일부가 흐트러지며 틈이 생겨 물이 침입하여 팽윤(swelling)현상이 나타나기 시작한다.

미셀구조가 파괴되며 아밀로스는 더운물에 녹는 졸(sol)이 되고 아밀로펙틴은 불용성의 겔(gel)이 되어 물이 많으면 전분분자가 물속에 부유한다. 이러한 현상을 전분의 호화(gelatinization) 또는 전분의 $\alpha$화라 한다. $\alpha$-전분은 소화효소의 작용을 받기 쉬워지므로 밥을 짓거나 빵을 만드는 것은 소화를 돕기 위한 방법 중의 하나이다. 전분의 호화가 일어나는 최저온도는 전분의 종류에 따라 일정하지 않으나 대체로 60℃전후이며, 온도가 증가함에 따라 빨라진다.

**그림 3-3** 전분의 호화과정

호화를 촉진시키는데 영향을 미치는 내용을 살펴보면 다음과 같다.

① 수분 : 전분의 수분함량이 많을수록 잘 일어난다.
② 온도 : 온도는 대개 60℃전후이며 온도가 높으면 호화시간이 빠르다.
③ pH : 알칼리성에서는 팽윤과 호화가 촉진된다.
④ 염류 : 일부 염류는 전분입자의 팽윤과 호화를 촉진시킨다.

### (3) 전분의 노화 ( $\beta$화)

$\alpha$-전분을 실온에 장시간 방치하면 전분분자들이 다시모여 미세한 결정을 형성하고 침전되는 현상을 볼 수 있다. 이 현상은 불규칙적인 배열을 하고 있던 호화전분분자들이 서로 수소결합에 의해 부분적으로나마 미셀(micell)구조의 규칙성을 나타내는 $\beta$-전분으로 되돌아가는데 이 현상을 전분의 노화(retrogradation)라 한다.

떡이나 밥이 굳어지는 것은 전분의 노화현상 때문이다.

노화에 영향을 미치는 내용을 살펴보면 다음과 같다.

① 온도 : 노화가 가장 잘 일어나는 온도는 0~5℃의 냉장온도이며 60℃이상에서는 노화가 일어나지 않는다.
② 수분 : 수분함량이 30~60%에서 가장 노화하기 쉽다.
③ pH : 산성일 때 노화가 촉진된다.
④ 전분에 아밀로스 함량이 많을 때 촉진된다.

거의 아밀로펙틴으로 이루어진 찹쌀, 찰옥수수 전분 등은 옥수수, 밀전분에 비하여 노화되기가 어렵다. 따라서 냉동식품을 만들 때는 찰옥수수전분 등과 같이 아밀로펙틴 함량이 많은 전분을 사용하는 것이 바람직하다.

노화의 억제방법은 다음과 같다.

① 수분함량조절 : $\alpha$-전분을 80℃이상에서 급속건조 시킨다.

$\alpha$-전분을 0℃이하에서 급속탈수(수분 : 15%이하)
· 라면 / 건빵 / 비스킷

② 냉동 : -20℃～-30℃가 되면 노화가 일어나지 않는다.
· 냉동건조미

③ 설탕의 첨가 : 설탕은 탈수제로 작용하여 $\alpha$-전분을 단시간에 건조시킨 것 같은 효과가 있다.
· 양갱

④ 유화제 사용 : monoglyceride, diglyceride 등을 사용하면 노화가 억제된다.

#### (4) 전분의 호정화(dextrinization)

전분을 160℃～190℃ 정도의 건열로 가열을 하면 전분분자의 부분적인 가수분해 또는 열분해가 일어나 가용성 전분을 거쳐 호정(dextrin)으로 변한다. 이와 같은 현상을 호정화(dextrinization)라 하며 물리적 상태의 변화만을 일으킨 호화와는 달리 전분의 분해라고 하는 화학적 변화를 수반한 것이다.

따라서 호정은 호화전분보다 물에 잘녹고 효소작용을 받기 쉬워 소화성이 향상된다. 전분질식품은 볶는다든가 빵을 구울 때 또는 팽화식품(puffed cereals)을 만드는 과정에서 전분의 호정화가 일어난다.

### 2) 덱스트린(dextrin)

전분을 효소나 산으로 가수분해하면 맥아당(maltose)을 거쳐서 포도당(glucose)이 된다. 이들의 분해를 도중에서 정지시키면 가수분해 정도에 따라 여러 가지 중합도를 가진 중간생성물이 얻어진다. 이때 맥아당이나 포도당이 되기 이전의 모든 가수분해 중간생성물을 총칭하여 덱스트린(dextrin)이라고 한다.

전분 → 덱스트린 → 맥아당 → 포도당

### 3) 글리코겐(glycogen)

글리코겐(glycogen)은 동물의 체내에서만 발견되는 당질이다. 식물체가 예비당질로 전분을 저장하고 있는 것처럼 동물은 글리코겐을 저장하고 있다고 생각할 수 있다.

동물의 근육과 간에 저장된 글리코겐은 필요할 때에 포도당으로 전환되고 이 포도당이 분해 되어 에너지를 공급한다. 동물성 전분이라고 불리워질 정도로 아밀로펙틴(amylopectin)과 유사한 구조를 가지고 있다.

### 4) 셀룰로오스(cellulose)

셀룰로오스(cellulose)는 모든 식물의 세포벽의 구성성분으로 자연계에 가장 많이 존재하는 다당류이다. 셀룰로오스는 구조에 있어 전분과 유사하며 다만 포도당 분자간의 결합방식에 차이가 있을 뿐이다.

사람의 인체에는 셀룰로오스의 포도당 분자결합을 분해 시키는 소화효소인 셀룰라아제(cellulase)가 없기 때문에 에너지원으로 이용할 수는 없으나 장의 연동운동을 촉진하여 배변활동 등을 도와준다. 그러나 초식동물에서는 에너지원으로 이용되는데 이용율은 비교적 낮은 편이다. 흰개미의 소화기관에는 셀룰라아제가 존재하므로 셀룰로오스를 완전히 이용한다.

셀룰로오스의 이러한 성질을 이용하여 저칼로리 식품제조에 사용되며 염색성이 좋은점을 이용하여 식품첨가물용 착색안료로써 식품의 착색에 이용한다.

### 5) 펙틴질(pectic substance)

펙틴질은 식물체 조직의 세포벽(cell wall) 구성성분인 섬유소(cellulose)와 헤미셀룰로오스(hemicellulose)가 싸여 있는 사이에 존재하며 복합다당류이다. 펙틴질은 또한 세포와 세포 사이에 있으면서 세포들을 서로 붙여주는 접착세 역할도 한다. 펙틴질은 크게 프로토펙틴, 펙틴산(펙틴), 펙트산으로 나눈나.

① 프로토펙틴(protopectin)

불용성인 프로토펙틴은 덜익은 과일에 있으며 성숙함에 따라 효소 프로토펙티나아제(protopectinase)의 작용으로 가용성의 펙틴으로 변한다.

② 펙틴산(pectinic acid)

분자 속의 유기산기(-COOH)의 일부가 메틸에스테르(-$COOCH_3$)의 형태로 되어 있으며 물과 교질용액을 형성한다.

- 펙틴(pectin)은 수용성 펙틴산으로 적당한 양의 당, 산의 존재하에서 겔(gel)을 형성할 수 있는 펙틴산 또는 이 펙틴산의 중성염, 산성염 또는 혼합물들에 대한 일반명이다. 펙틴은 산과 당이 존재하면 겔 형성능력이 탁월하여 이것을 이용하여 잼, 젤리 등을 만든다. 특히 사과와 감귤류의 속껍질 부위에 많은 양의 펙틴이 들어있다.

③ 펙트산(pectic acid)

성숙한 과일 속에 함유되어 있던 펙틴이 과일이 너무 지나치게 성숙되면 효소 펙티나아제(pectinase)의 작용으로 펙트산으로 분해되며 겔 형성능력이 저하된다.

### 6) 한천(agar)

한천(agar)은 우뭇가사리 등 홍조류를 건조한 후 뜨거운 물에 녹여 동결건조 시켜서 만든다. 한천은 겔(gel)을 형성하는 능력이 매우 강하며 일당 겔화 되면 고온에서도 잘 견딘다. 젤리(gelly)의 원료, 우무, 미생물의 배지, 빵이나 과자류의 안정제 등에 이용된다.

### 7) 알긴산(alginic acid)

미역, 다시마 등의 갈조류의 점성을 나타내는 성분으로 아이스크림, 잼 등에 첨가하여 점성을 증가시키는데 이용된다.

제 4 장

# 탄수화물식품과 조리

당질(glucoside)은 대부분 식물성 식품에서 공급되며, 곡류에서 70~80%, 채소에 3~7%, 과일에 10% 정도 함유되어 있다.

곡류는 쌀, 맥류(麥類), 잡곡(雜穀)으로 분류하는데 맥류에는 보리, 밀, 귀리, 호밀 등이 있으며 잡곡에는 조, 기장, 수수, 옥수수, 메밀 등이 있다.

단당류(monosaccharide)와 이당류(disaccharide)는 결정체를 형성하고 수용성이며 단맛을 갖고 있으나 다당류(polysaccharide)는 결정체를 형성하지 않고 물에 잘 녹지 않으며 단맛도 없다.

## 1. 당류

### 1) 설탕(sucrose, sugar)

여러 당질(glucoside) 중 전분을 제외하고 조리에 많이 이용되는 것은 서당(sucrose, 자당 : 일반명은 설탕)이며 주로 단맛을 내는 조미료와 캔디(candy) 등의 제조에 사용된다.

#### (1) 제조

설탕은 사탕수수(cane sugar)와 사탕무(beet sugar)를 원료로 하는데 이들을 압착하여 액즙을 추출한다.

이 액즙에는 무기질, 섬유소, 먼지 등의 불순물이 섞여 있으므로 이것을 여러 단계를 거쳐 농축, 원심분리하면 갈색 결정체의 원당(raw sugar)을 얻을 수 있다. 원당은 수크로오스(sucrose)의 농도는 높지 않으나 그 대신 사탕수수에 함유되어 있던 여러 가지 유기산의 에스테르에 의하여 독특한 풍미를 가지고 있다. 이 원당을 물에 용해시킨 후 다시 농축시켜 원심분리 하는 과정을 여러 번 되풀이하면 거의 100%의 백색 설탕결정체가 밑에 가라앉고 위에는 엷은 갈색의 액체가 생기는 데 밑에 가라앉은 결정체가 정제당이고 위의 액체가 당밀(molasses)이다.

당밀은 감미도가 높고 맛이 좋아 제과, 제빵용 등으로 사용하며 미생물의 배양실험시 배지(培地)의 영양물로도 이용된다.

사탕수수나 사탕무가 재배되지 않는 나라에서는 원당을 수입, 정제 과정을 거쳐 판매를 한다.

### (2) 설탕의 종류

시판되고 있는 설탕으로는 백설탕, 황설탕, 흑설탕이 있다.

#### ① 백설탕(white sugar)

원당을 정제하여 불순물을 0.05% 이하로 만들어 얻은 것이 백설탕이며 분쇄 및 가공에 따라 다음과 같이 구분할 수 있다.

- granulated sugar : 모래알과 같은 입자 상태
- super fine granulated sugar : granulated sugar보다 더 곱게 분쇄한 상태, 케이크나 여러 가지 분말음료를 만들 때 사용한다.
- powered sugar : granulated sugar를 곱게 분쇄하여 약간의 corn starch를 섞은 상태, 도넛 등 튀김 음식 / 감미가 약한 과자류에 사용한다.
- cube sugar : granulated sugar에 약간의 syrup을 넣고 각형으로 만들어 뜨거운 공기로 건조시킨 상태이다.

#### ② 황설탕(brown sugar)

우리나라에서 판매되고 있는 황설탕은 백설탕에다 당밀을 가한 것이다. 독특한 방향을 갖고 있어 케이크, 과자, 캔디 등의 제조에 이용된다.

#### ③ 흑설탕(dark brown sugar)

사탕수수를 짠 즙액을 그대로 농축하여 굳힌 설탕이다. 정제하지 않은 당밀을 함유한 함밀당으로 당도는 85%이고 무기질, 비타민 등이 많고 특유의 풍미가 있다.

케이크, 쿠키, 약식 등에 사용한다.

◆ 캔디(candy)

설탕을 주성분으로 하는 대표적인 음식으로는 캔디(candy)가 있다.

캔디에는 여러 종류가 있는데 그 맛은 설탕 이외에 첨가한 물질의 종류에 따라서 달라지고 텍스처(texture)는 만드는 방법에 따라 달라진다.

캔디는 크게 결정형 캔디(crystalline candy)와 비결정형 캔디(noncrystalline candy)로 구분한다.

① 결정형 캔디(crystalline candy)

설탕이 결정형으로 존재하는 캔디를 말하며 폰던트(fondant), 퍼지(fudge), 디비니티(divinity) 등이 있다.

**· 폰던트(fondant)**

프랑스어로 "녹는"의 뜻이며 115℃ 정도로 가열한 설탕용액을 40℃까지 식혀 과포화에 달한 온도로 강하게 각반하면 결정이 석출되며 이것이 폰던트이다.

**· 퍼지(fudge)**

가열한 설탕용액을 50℃까지 식혀 폰던트와 같은 식으로 만들며, '폰던트'와 '퍼지'는 수없이 많은 설탕결정이 형성되어 만들어진 것이므로 단단하거나 질기지 않고 씹으면 아무 저항 없이 끊어진다. 그리고 씹을 것도 없이 입에서 녹고 혀에 넣고 입천장에다가 문질러 보면 마치 치약을 문지르듯이 약간 점성이 있으면서 전혀 거칠거칠하지 않다.

**· 디비니티(divinity)**

디비니티(divinity)는 우리나라에서 "누가(nougat)"라 부르는 캔디로 색은 희고 약간 질기나 쉽게 씹을 수 있는 특유한 텍스처를 가지고 있다.

② 비결정형 캔디(noncrystalline candy)

설탕이 비결정형으로 존재하는 캔디를 말하며 무정형 캔디라고도 한다.

캐러멜(caramel), 브리틀(brittle) 등이 대표적인 비결정형 캔디이다.

- **캐러멜(caramel)**

  캐러멜(caramel)은 많은 양의 시럽과 우유, 버터 등을 사용하여 서서히 저어가면서 가열한 후 식혀 성형한 것이다. 캐러멜의 특징적인 갈색과 향미는 우유 단백질의 아미노산과 설탕의 알데히드기 사이에서 갈변 반응을 일으키기 때문이다.

- **브리틀(brittle)**

  브리틀(brittle)도 설탕 이외에 황설탕, 버터 등 설탕이 결정화 하는 것을 방해하는 재료들을 상당히 많이 넣기 때문에 결정이 생기지 않는 캔디이다.

  브리틀은 식었을 때 작은 구멍이 많고 깨지기 쉽다.

### 2) 전화당(invert sugar)

설탕용액에 산이나 수크라아제(sucrase)를 첨가하면 포도당(glucose) 1분자와 과당(fructose) 1분자로 가수분해된다. 이 현상을 자당(sucrose)의 전화라 하고, 여기에서 얻은 포도당과 과당의 동량혼합물을 전화당(invert sugar)이라 한다.

이것은 설탕보다 단맛이 훨씬 더 강하며, 과자류나 청량음료 등에 이용된다.

### 3) 물엿(starch syrup)

옥수수, 감자, 고구마, 쌀, 보리 등의 전분을 산 또는 효소로 가수분해 시키는데 전분이 완전히 포도당이 될 때까지 가수분해 시키지 않고 포도당(glucose), 맥아당(maltose), 덱스트린(dextrin)이 적당히 섞여 있을 때까지 가수분해 시킨다.

탈색시킨 후 가열, 농축시키면 맑고 거의 무색이며 점성을 띤 액체가 되는데 이것이 물엿이다.

캔디를 만들 때 설탕의 결정이 형성되는 것을 방지하기 위하여도 사용된다.

### 4) 꿀(honey)

꿀은 포도당(glucose)과 과당(fructose)이 비슷한 비율로 함유되어 있다. 과당의 함량이 많으면 결정이 생기지 않고 액체 상태를 유지하나 포도당의 함량이 많으면 가끔 결정이 형성될 수도 있다.

빵이나 케이크 등을 만들 때 설탕대신 꿀을 넣으면 흡수성이 강하기 때문에 오랫동안 습기가 있는 상태로 보존할 수 있다. 조리할 때 그 특유의 향이 손실되지 않도록 낮은 온도에서 조리하여야 한다.

### 5) 조청(malt syrup)

옛날부터 우리나라에서 많이 사용하던 것으로 찹쌀, 멥쌀, 수수, 고구마 등의 전분을 맥아(엿기름)로 당화시켜 오랫동안 가열하여 수분을 증발시킨 후 농축한 것이다.

찹쌀은 다른 곡류에 비하여 점성이 크고, 소량의 맥아로 단시간에 당화시킬 수 있으며, 색과 풍미가 좋다.

수분의 함량은 18% 정도인데 이것을 10%로 농축시키면 검은 고체(갱엿)가 된다.

## 2. 곡류

곡류는 전분함량이 높기 때문에 세계 공통으로 열량급원으로 중요하게 사용된다. 곡류에는 쌀과 보리, 밀 등의 맥류 그리고 옥수수, 메밀, 조 등의 잡곡 등이 있다.

모든 곡류는 외피(bran layer), 배유(endosperm), 배아(germ)로 구성되어 있다. (그림 4-1 참조)

외피는 난알을 보호하는 역할을 하며, 과피, 종피, 호분층 등 6층으로 구성되어 있으며 섬유질이 많고 조직이 견고하여 소화가 잘 안된다.

배유는 우리가 주로 식용하는 부분으로 다량의 전분과 단백질 등이 있으며 섬유소는 거의 없다.

배아는 낟알의 2~3%를 차지하며 단백질, 지질, 무기질이 풍부하게 함유되어 있으나 도정 중에 외피와 함께 거의 제거되어 버린다.

곡류의 주성분인 전분은 입자가 감자류의 것과 달리 작고 치밀하여 팽윤(swelling)이나 호화가 늦게 일어난다.

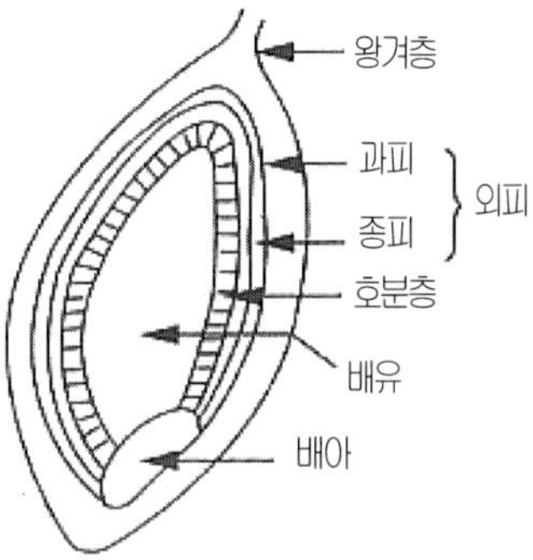


**그림 4-1** 쌀의 구조

### 1) 쌀(rice)

쌀의 품종은 크게 자포니카형(Japonica type)과 인디카형(Indica type)으로 구분된다.

자포니카형은 쌀알이 짧고 통통하며 끈기가 많고, 인디카형은 쌀알이 길고 가늘며 끈기가 적어 밥알이 흩어진다.

끈기에 차이가 있는 것은 인디카형은 세포막이 두꺼운데 반해 자포니카형은 세포막이 얇아 가열시 쉽게 파괴되어 전분이 밖으로 유출되면서 호화되기 때문이다.

벼알의 총중량으로 볼 때 왕겨가 20%를 차지하고 80%가 현미인데 현미를 도정하면 92%의 백미와 8%의 쌀겨가 나온다.

탈곡에 의해 쌀의 겉껍질인 왕겨(층)를 벗겨낸 상태가 현미이며 다시 도정하여

8% 정도의 현미의 미강층(과피, 종피, 호분층 등)을 모두 제거한 것을 백미라 한다.

예를 들어 도정한 쌀이 5분도미인 것은 현미에 있는 미강층(과피, 종피, 호분층 등)이 50%가 제거된 것으로 현미를 기준으로 미강층이 4% 정도가 남아있는 것을 말한다.

이것으로 밥을 지었을 때는 질감은 거칠지만 섬유소와 미량의 영양소가 존재하여 영양적으로는 우수하다.

쌀은 주로 밥, 떡, 술 등으로 이용되고 있으며 찹쌀은 아밀로스(amylose)가 거의 없고 아밀로펙틴(amylopectin)만으로 구성되어 있어 탄력성과 점성이 강하다.

### ◆ 밥짓기

쌀의 조리(밥짓기)는 전분의 호화가 주된 작용이며 밥을 짓기 위해서는 ① 쌀씻기 ② 불리기 ③ 물의 양 ④ 가열 ⑤ 뜸들이기의 단계로 이루어진다.

#### ① 쌀씻기

- 겨와 먼지 등의 불순물을 제거하기 위한 목적이다.
- 쌀전분의 비결정 부분에 약 10% 정도의 수분이 흡수된다.
- 초기에 씻은 물은 불순물이 많으므로 오래 담가두면 밥맛의 저하를 가져온다.

#### ② 불리기

- 미리 물을 흡수하여 가열시 쌀의 중심부까지 호화가 균일하게 이루어지도록 하기 위한 것이다.
- 일정시간이 지나면 흡수가 최대치에 도달하여 물의 흡수가 중지된다.
- 물이 흡수되는 속도는 온도에 비례하며 온도가 높으면 빨리 흡수된다.
  여름 : 30분, 겨울 : 90분 정도에 흡수량이 최대가 된다.
- 백미인 경우 최대 흡수량은 약 20~30% 정도이다.
- 백미에 비하여 현미의 흡수속도가 느리다.

#### ③ 물의 양

- 밥을 지을 때 증발되는 물의 양을 고려하면 쌀 무게의 1.5배 정도가 적당.

- 햅쌀은 수분함량이 다소 높으므로 1.4배 정도가 적당.
- 콩나물밥과 같은 경우는 콩나물에 수분이 많으므로 물의 양을 줄여야 한다.

④ 가열

- 처음에는 센불로 가열하여 물이 끓음으로써 모든 쌀의 온도가 같아 흡수가 균일하게 일어나도록 한다(10분 정도).
- 물이 끓기 시작하면 끓는 것이 유지될만큼 불을 중간으로 줄여 물의 과도한 증발을 막는다(5분 정도 유지).
- 바닥이 타지 않을 정도로 불을 약하게 줄이며 온도 유지를 위해 뚜껑을 열지 않는다(15~20분 정도 유지).

⑤ 뜸들이기

- 열을 가하지 않고 남아 있는 열에 의해 온도를 유지시킨다. 이때 쌀알의 중심부까지 완전 호화가 이루어진다(10분 정도).

### ◆ 식혜

우리나라 고유의 대표적인 음료이며 엿기름가루에서 추출한 아밀라제(amylase)에 의해 밥의 전분이 가수분해 되어 맥아당(maltose)과 포도당(glucose)이 생성되므로 단맛이 생기고 밥알은 전분이 당화되어 빠져나오므로 가벼워져 위로 떠오르는 것이다.

밥을 지은 후 엿기름물을 붓고 효소반응이 잘 일어나도록 온도를 60℃ 정도로 맞추어 4~5시간 정도 유지시켜 만든다.

### ◆ 엿기름(malt)

곡류 입자 내에는 $\beta$-아밀라아제( $\beta$-amylase)가 존재하는데 곡류입자가 발아하기 시작하면 $\alpha$-아밀라아제( $\alpha$-amylase)가 생긴다. $\alpha$-아밀라아제는 전분을 덱스트린(dextrin)까시 분해시키는 효소이며, $\beta$-아밀라아제는 덱스트린을 포도당까지 분해시키는 효소로 당화효소라고도 한다.

엿기름을 기르기 위해서는 겉보리를 따뜻한 물에 2~3일 담갔다가 건져 시루에 담고 따뜻한 곳에 묻어둔다. 그러면 며칠 후 싹이 트기 시작하고 뿌리가 내리기 시작한다. 싹의 길이가 겉보리 알맹이 길이의 약 1.5배 일 때 효소의 함량이 가장 크므로 시루에서 꺼내 뜯어서 말려 가루로 만들면 엿기름이 된다. 이 엿기름에는 다량의 $\alpha$-아밀라아제와 $\beta$-아밀라아제, 덱스트린, 맥아당, 포도당이 존재한다.

### 2) 밀(wheat)

밀은 파종시기에 따라 겨울밀과 봄밀로 구분되며 단백질의 함량에 따라

- 경질맥(硬質麥) … 단백질 함량 12% 이상 (제빵에 사용)
- 연질맥(軟質麥) … 〃 9% 이하 (과자류/케이크)
- 듀럼(durum)밀 … 〃 이 매우 높다 (파스타/마카로니)

로 나누며 또한, 밀은 다른 곡류와 달리 과피가 질기고 가운데 홈이 깊어서 겨층을 벗겨내는 것이 어렵다. 그러나 밀알을 깨뜨렸을 때 과피와 배유가 쉽게 분리되므로 밀은 입자 형태로 사용하지 않고 가루를 낸 뒤 빵이나 국수 등의 식품제조에 사용한다.

#### (1) 밀가루(wheat flour)의 종류

단백질의 함량에 따라 밀가루는 강력분 / 중력분 / 박력분으로 구분한다.

① 강력분(hard wheat flour) : 단백질 함량이 12% 이상이며 주로 경질밀에서 만든다.
- 식빵/스파게티

② 중력분(all purpose flour) : 강력분과 박력분의 중간정도이며 다목적으로 사용한다.
- 국수류

③ 박력분(soft wheat flour) : 단백질 함량이 9% 이하이며 주로 연질밀에서 만든다.
· 튀김옷/과자/케이크

### (2) 글루텐(gluten)의 형성

밀가루에 50~60% 정도의 물을 붓고 반죽을 하면 점탄성이 있는 덩어리(dough)가 된다.

밀가루 상태일 때는 결합하지 않던 점성을 가지고 있는 글리아딘(gliadin)과 탄성이 강한 글루테닌(glutenin)이 물과 결합하면서 3차원의 망상구조인 점탄성의 글루텐을 형성하는 것이다.

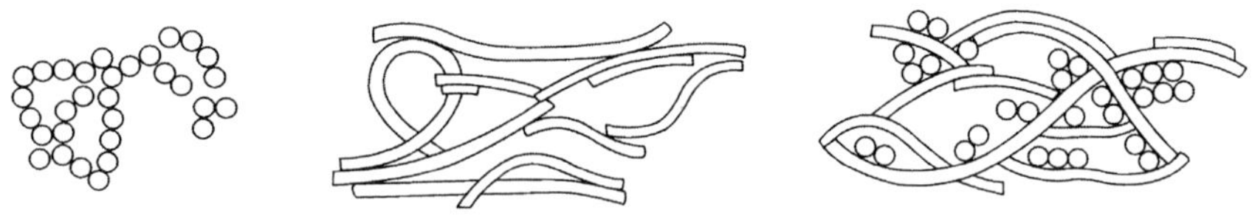


**그림 4-2** 글루텐 형성과정

· 밀가루 중의 단백질 함량이 많으면 글루텐의 막이 두껍게 형성되며 물/시간이 많이 소요된다.
· 같은 밀가루라도 물을 한꺼번에 붓는 것보다 소량씩 나누어 넣으며 반죽하는 것이, 반죽 횟수가 많은 것이 글루텐의 생성을 많게 한다.

### (3) 부재료의 첨가효과

① 100~150%의 물을 부어 흐를 정도로 반죽한 것을 배터(batter)라 하며 와플(waffle), 튀김옷 반죽이 예이다.
② 유지를 첨가하면 연화작용(shortening effect)과 팽화작용(leavening effect)을 한다.

③ 설탕을 첨가하면 단맛과 효모(yeast) 발효시 발효를 촉진시키며, 수분증발을 억제하여 건조속도가 느려지는 등의 작용을 한다.

④ 소금을 첨가하면 글루텐의 망상구조를 조밀하게 하여 반죽의 점탄성을 높여 준다.

⑤ 달걀을 사용하면 가열시 달걀의 단백질이 응고되면서 글루텐을 도와 제품의 모양이 유지된다. 그러나 너무 많이 첨가되면 질겨질 수가 있다.

⑥ 밀가루 반죽을 가열하면 공기/증기/탄산가스 등이 팽창하면서 글루텐이 늘어나 부풀게 된다.

### (4) 밀가루를 이용한 식품

① 빵

빵은 밀가루를 반죽하여 효모 등을 첨가하여 부풀린 후 구운 것이다.

- yeast bread : 효모에 의해 발효된 것 (식빵)
- quick bread : 발효시키지 않고 베이킹파우더(baking powder)나 증기를 이용, 바로 부풀린 것 (머핀, 와플)

② 케이크류

- foam type cake : 공기를 많이 함유한 묽은 상태의 반죽을 구운 것.
  sponge cake, chiffon cake
- shortened type cake : 고체지방과 설탕을 크리밍(creaming)하면서 공기를 포함시킨 묽은 반죽을 구운 것
  pound cake

③ 국수류

물의 양에 따라 반죽의 경도가 결정되며 물의 온도가 높으면 전분의 일부가 호화되어 반죽이 단단해진다. 반죽을 얇게 만들어야 하는 국수나 만두피는 찬물로 반죽하는 것이 좋다.

중국국수는 간수나 중조 같은 알칼리를 첨가하여 탄성을 나타내는 글루테닌을 약화시키므로 상대적으로 글리아딘의 신장성이 크게 나타나며 밀가루의 백색인 플라본색소를 황색으로 변화시켜 국수의 색깔이 황색을 띠게 된다.

④ 튀김옷

튀김옷의 재료는 밀가루로, 잘만든 튀김은 튀김옷이 얇고 질기지 않아야 하므로 글루텐의 함량이 낮은 박력분을 사용하는 것이 좋다.

밀가루를 반죽하기 위해 첨가하는 물의 온도도 튀김의 질감에 영향을 준다. 물의 온도가 30℃ 정도로 높으면 단백질의 수화력이 증가하여 글루텐의 형성이 많고, 2℃ 정도로 너무 낮으면 글루텐의 형성은 적으나 튀김 기름의 온도를 낮춰 탈수가 더디게 일어나므로 좋은 질감을 주기 어렵다.

약 15℃일 때 가장 좋은 질감의 튀김을 얻을 수 있으므로 실온이 높을 때에는 냉각된 물을 사용하는 것이 좋다.

⑤ 루우(roux)

루우(roux)는 수프나 소스의 기본 바탕이 되는 것으로 밀가루에 함유된 전분의 작용을 이용하는 것이다.

녹인 버터와 같은 유지와 밀가루를 섞은 혼합물로서 수프와 소스를 되직하게 하는 농후제로 사용하며 화이트 루우(white roux), 블론드 루우(blond roux), 브라운 루우(brown roux)가 있다. 밀가루와 버터의 비율은 보통 1:1로 하여 사용한다.

### 3) 보리(barley)

보리는 대맥이라고도 하며 겉보리와 쌀보리로 구분하며 쌀보리는 겉껍질이 종실에서 잘 분리되므로 도정 후 밥에 섞어 먹을 수 있으나 겉보리는 겉껍질이 분리되기 힘들고 배유가 적어 먹기보다는 볶아서 보리차로 이용하던지 발아시켜 엿기름으로 만들어 식혜나 엿을 만드는데 사용한다.

보리의 주단백질인 호르데인(hordein)은 점탄성이 약해 끈기가 적다.

### 4) 메밀(buckwheat)

메밀은 다른 곡물이 잘 재배되지 않는 척박한 땅에서도 잘 자란다.

외피를 제거하고 제분하여 이용하는데 70% 정도가 전분이며 10~13% 정도의 단백질을 가지고 있다. 아미노산 조성도 우수하고 비교적 소화흡수성도 좋다.

그러나 점성단백질인 프롤라민(prolamine)의 함량이 적어 밀가루반죽처럼 점성이 생기지 않는다. 그러므로 메밀가루는 옥수수전분, 고구마전분 등과 혼합하여 메밀국수나 냉면 등을 만든다.

### 5) 옥수수(corn)

미국이 원산지이고 종류도 다양하다. 주성분은 대부분 전분이다.

감미종(sweet corn)은 통조림이나 냉동 처리하여 이용되며 배아부분은 옥수수기름(corn oil)을 만든다.

### 6) 조(millet)

조는 차조와 메조가 있으며 주성분은 대부분 전분이다. 메조는 아밀로스(amylose) 함량이 25%, 아밀로펙틴(amylopectin)이 75%이며 차조는 거의 아밀로펙틴이다. 메조는 쌀, 보리와 함께 혼식용이나 죽 등으로 식용되며, 차조는 도정하여 밥, 떡, 엿, 소주 등에 이용되고 있다.

### 7) 수수(sorghum)

원산지는 열대 아프리카이고 찰수수와 메수수가 있다.

주성분은 전분이며, 밥에 섞어 먹기도 하고 제분하여 떡, 과자, 주정원료 등에 이용된다.

# 3. 서류

서류 중에서 주로 식용으로 하는 것은 감자, 고구마, 토란 등이 있으며 채소류 가운데 근채류에 속하고 주성분은 전분으로 되어있다.

수분함량은 감자, 토란에 80%, 고구마에 70% 정도이며, 전분이 10-20%로 수분을 제외한 주성분이다. 수분함량이 높으므로 가열조리시 물을 별도로 가하지 않아도 자체 내에 함유된 수분으로 전분이 충분하게 호화될 수 있다.

전분이나 물엿, 합성주의 원료 등 그 용도가 매우 다양하다.

## 1) 감자(potato)

감자에서 주로 이용되는 품종은 남작(분질), 수미(중점질), 대지(점질)이다.

다른 곡류와 마찬가지로 아밀로스(amylose)와 아밀로펙틴(amylopectin)의 비율은 2:8 정도이다. 곡류에 비해 전분입자가 커서 빨리 호화된다.

분질의 감자는 조리 시 잘 부서지므로 매쉬드 포테이토(mashed potato)에 적합하다. 단백질의 함량이 많고 전분의 함량이 적은 점질감자는 강한 점성을 지녀 찌거나 끓여도 부서지지 않으며 기름에 볶는 요리에 적합하다.

① 가정에서 감자의 질감을 확인하기 쉬운 방법은 물 11컵에 소금 1컵을 녹인 소금물에 감자를 담가보아 가라앉으면 분질이고 뜨면 점질이다.

② 감자를 썬 후 공기 중에 놓아두면 갈변한다. 이것은 감자 중의 티로신(tyrosin)이 티로시나아제(tyrosinase)의 작용으로 산화되어 멜라닌(melanin)을 생성하여 갈색이 되는 것이다. 이를 방지하려면 즉시 가열하거나 물에 담그면 티로신은 수용성이므로 용출되어 갈변하지 않는다.

③ 매쉬드 포테이토(mashed potato)는 숙성한 분질감자를 이용한다. 그 이유는 분질 현상은 가열 후 세포가 잘 떨어지는 것인데 햇감자의 경우 전분의 숙성이 불충분하고 프로토펙틴이 많아 세포의 분리가 어렵기 때문이나.

④ 감자는 비타민과 무기질이 껍질 바로 밑에 많이 함유되어 있으므로 껍질을 벗겨 조리하면 영양분의 손실이 크다. 또한 수용성 비타민의 손실을 줄이기 위하여 삶을 때 물의 양과 조리시간을 최소화하는 것이 좋다.

### 2) 고구마(sweet potato)

고구마는 많은 양의 당을 함유하며 만복감을 주는 이점이 있다.

고구마의 색깔은 안토시아닌(anthocyanin)류와 카로티노이드(carotenoid)계 색소에 의해 나타나며 간혹 조리 후 육질에서 녹색이 나타나는데 이것은 고구마에 있는 안토시아닌류의 색소가 알칼리에 의해 청색을 띠게 되고 이것이 카로텐(carotin)류의 황색과 합쳐져 나타나는 것이다.

① 고구마의 특수성분으로는 잘라핀(jalapin)을 들 수 있는데 이것은 고구마를 잘랐을 때 절단면에서 나오는 유액성분으로 점성이 강하고 공기와 접촉하면 산화되어 흑색으로 변한다.

② 고구마에 있는 $\beta$-아밀라아제는 저장 중에 전분을 가수분해하여 맥아당을 만들어 단맛을 내게 되는데 온도가 높으면 더 활발하게 일어난다. 그러므로 삶은 고구마나 햇볕에 말린 고구마가 생고구마보다 더 단 것이다.

### 3) 토란(taro)

토란은 수분의 함량이 높아 열량이 낮다. 주성분은 전분이고 덱스트린(dextrin)과 자당이 함유되어 단맛이 난다.

토란은 미끈거리는 성질이 있는데 이는 갈락탄(galactan)이나 당단백질에 의한 점질물질이 함유되어 있기 때문인데 가열조리 시 거품의 원인이 되기도 한다.

① 토란은 점질물질이 둘러쌈으로써 조미료의 침투가 어렵다.

② 토란은 쌀뜨물이나 1% 정도의 소금물에 끓이면 당단백질이 응고, 침전되어 제거되면서 미끈거리는 것도 없어지고 색도 하얗게 된다.

③ 토란의 아린맛은 호모젠티신산(homogentisinic acid)과 수산에 의한 것이다.

④ 껍질 벗긴 토란을 구입할 때 너무 흰 것은 표백제를 사용했을 가능성이 크다. 표백제를 우려낼 때 소금물에 담그면 삼투압이 높아져 오히려 토란으로 표백제가 들어갈 수 있어 좋지 않다.

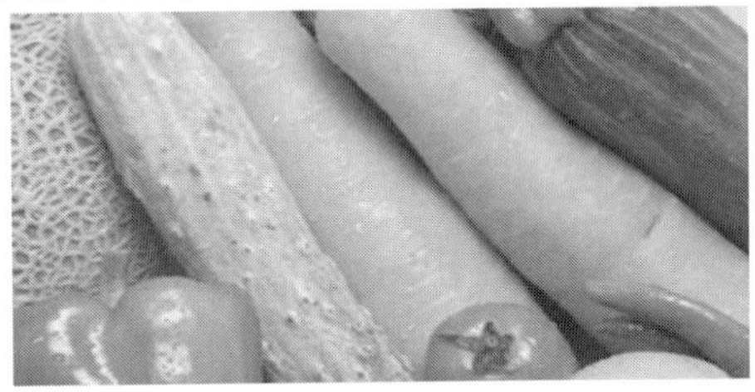

## 제 5 장

# 지질 (Lipid)

지질(lipid)이라 불리는 동물성 지방(fats)과 식물성 기름(oils)은 당질과 마찬가지로 탄소(C). 수소(H). 산소(O)의 3원소로 이루어진 생체 구성성분의 유기화합물을 말한다. 물에는 용해되지 않고 에테르(ether), 벤젠(benzene), 클로로포름(chloroform) 등의 유기용매에 녹는다.

식품중의 지질은 1g당 9Kcal의 열량을 내는 에너지원으로서 중요한 영양소이며 글리세롤(glycerol)과 지방산(fatty acid)의 에스테르(ester) 화합물이다. 에스테르 화합물이란 카르복실산과 알코올 즉, 알코올과 산의 반응으로 생성된 화합물을 말한다. 글리세롤은 3가 알콜 즉, -OH기를 3개 지닌 알콜이다. 그리고 지방산의 일반식은 R-COOH( 1가 카르복실산)로 표시하며 R은 탄화수소 사슬을 의미한다. 글리세롤 분자의 -OH기와 지방산의 -COOH와 결합함으로써 지방 또는 기름분자를 형성한다.

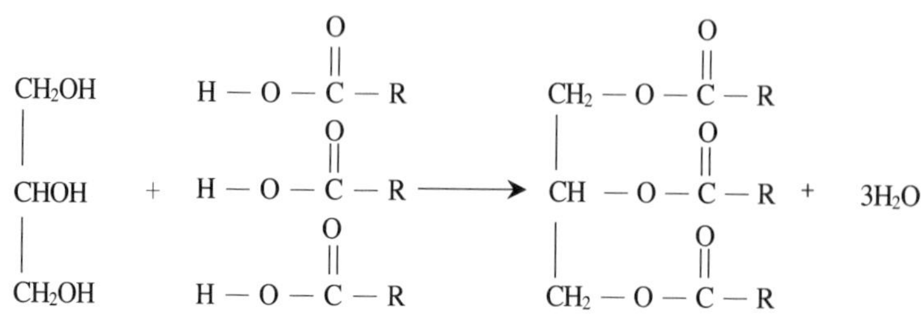

글리세롤 1분자 지방산 3분자 (지방/기름분자) 트리글리세리드 1분자 물 3분자

**그림 5-1** 지질의 형성과정

자연계에서 추출되는 유지(oil and fat)는 여러 종류의 복합트리글리세리드(triglyceride) 혼합물이며 형성과정은 축합반응이라 할 수 있다

# 1. 지질(lipid)의 분류

지질(lipid)은 구성하는 성분에 따라 단순지질(simple lipid), 복합지질(compound lipid), 유도지질(derived lipid) 3가지로 분류한다.

## 1) 단순지질(simple lipid)

지방산(fatty acid)과 알코올(alcohol)이 에스테르(ester) 결합한 것이다.

① 유지(oil and fat) : 중성지질(triglyceride)이라고도 하며 지방산과 글리세롤(glycerol)이 에스테르(ester) 결합한 것.

② 왁스(wax) : 고급 지방산과 고급 알코올이 에스테르 결합한 것.

## 2) 복합지질(compound lipid)

단순지질(simple lipid)에 인산, 당, 단백질 등이 결합되어 있는 지질이며 다음과 같이 구분한다.

① 인지질(phospholipid) : 알코올과 지방산의 에스테르에 인산이 결합되어 있는 지질

② 당지질(glycolipid) : 지방산과 당질로 구성된 지질이며 글리세롤 대신에 스핑고신(sphingosine) 분자를 가지고 있다.

③ 지단백질(lipoprotein) : 지방산과 단백질이 결합된 지질이다.

## 3) 유도지질(derived lipid)

유도지질(derived lipid)은 단순지질과 복합지질이 가수분해될 때 얻어지는 화합물을 말한다.

① 스테롤(sterol)류 : 스테로이드핵을 갖고 있는 환상 알코올

② 탄화수소(hydrocarbon) : 유지의 불검화물로서 얻어진다.

## 2. 지방산(fatty acid)

자연계에 존재하는 지방산(fatty acid)은 짝수개(4~30개)의 탄소원자가 사슬모양으로 길게 결합된 화합물로 탄소사슬이 전부 단일결합으로 구성된 포화지방산(saturated fatty acid)과 이중결합을 가지고 있는 불포화지방산(unsaturated fatty acid)의 2종류로 구분할 수 있다.

### 1) 지방산의 구조

#### (1) 포화지방산(saturated fatty acid)

각 탄소원자의 4개 결합손의 결합방법이 인접한 탄소원자 또는 수소원자와 단일결합하여 포화된 지방산을 포화지방산(saturated fatty acid)이라고 부른다.

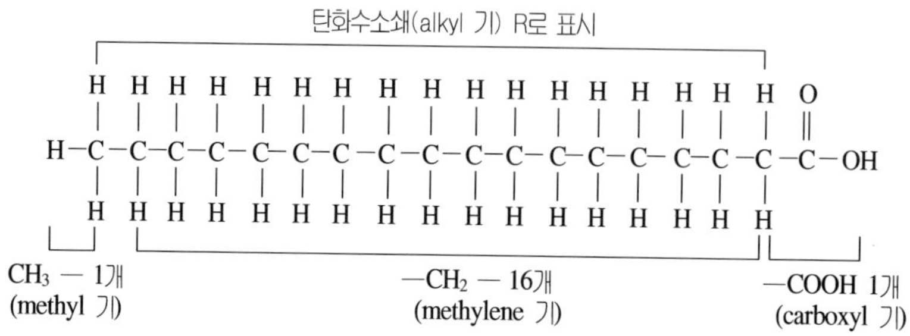


**그림 5-2** stearic acid의 구조식

#### (2) 불포화지방산(unsaturated fatty acid)

불포화지방산(unsaturated fatty acid)은 일반적으로 상온에서 액체이며 식물성기름에 많이 함유되어 있다. 포화지방산의 탄화수소사슬로부터 2개 또는 4개 이상의 수소원자가 제거되어 분자 내에 1개 이상의 이중결합을 가지는 지방산을 불포화지방산이라 부른다. 또 이들의 이중결합의 위치는 각 불포화지방산에 따라 다르다.

불포화지방산은 다시 이중결합의 수에 따라 다음과 같이 분류된다.

① **단일불포화지방산** : 이중결합을 1개만 갖는 불포화지방산을 말한다.

② **다가불포화지방산** : 이중결합을 2개 이상 갖는 불포화지방산을 말한다.

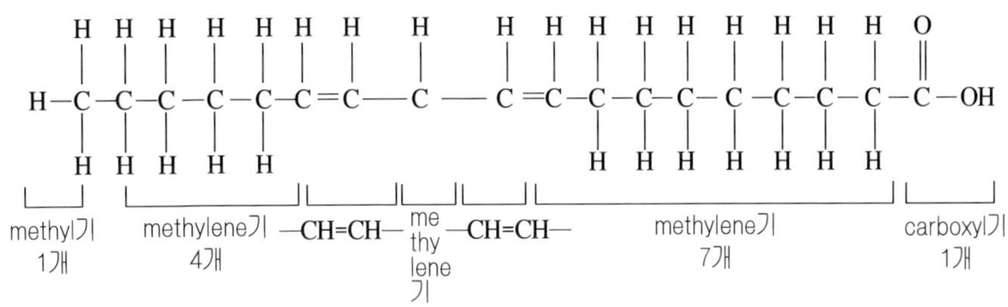


**그림 5-3** linoleic acid의 구조식

③ 필수지방산(essential fatty acid)

불포화지방산(unsaturated fatty acid) 중에서 영양상 필수적이면서도 체내에서 합성될 수 없거나 합성된다 하여도 그 양이 생명유지에 불충분하여 식품으로부터 섭취해야 할 지방산을 필수지방산(essential fatty acid)이라고 한다.

보통 리놀레산(linoleic acid), 리놀렌산(linolenic acid) 및 아라키돈산(arachidonic acid) 을 필수지방산으로 보며 또한 이들은 비타민 F라고도 불려진다. 필수지방산은 생체막의 중요한 구성성분이며 혈중 콜레스테롤(cholesterol) 함량을 낮추는 작용도 갖는다.

중요한 지방산 몇 가지를 보면 아래의 표 5-1과 같다.

표 5-1 지방산

| 형태 | 명칭 | 구조식 | 이중결합수 | 소재 |
|---|---|---|---|---|
| 포화지방산 | 부티르산<br>팔미트산<br>스테아르산 | $C_3H_7COOH$<br>$C_{15}H_{31}COOH$<br>$C_{17}H_{35}COOH$ | 0<br>0<br>0 | 유지방, 버터<br>널리 분포하며 특히 고체 지방에 소재 |
| 단일불포화지방산<br>다가불포화지방산 | 올레산<br>리놀레산<br>리놀렌산 | $C_{17}H_{33}COOH$<br>$C_{17}H_{31}COOH$<br>$C_{17}H_{29}COOH$ | 1<br>2<br>3 | 지방과 기름<br>주로 식물성 기름과 어류에 소재 |

## 2) 지방산(fatty acid)의 성질

### (1) 지방산(fatty acid)의 용해도

결합된 탄소수가 8개($C_8$)까지는 수용성이나 그 이상의 탄소 수는 불용성이다. 그러나 에테르(ether), 벤젠(benzene)등 유기용매에는 대체로 잘 녹는다.

### (2) 지방산(fatty acid)의 융점

포화지방산(saturated fatty acid)은 결합된 탄소수가 8개($C_8$)까지의 융점은 비교적 낮으며 상온에서는 액체상태이며 나쁜 냄새가 난다. 탄소수가 10개($C_{10}$)이상은 탄소수가 증가함에 따라 융점이 높으며 고체로 된다.

불포화지방산(unsaturated fatty acid)의 융점은 동일한 탄소수의 포화지방산의 융점에 비하여 현저히 낮으며 이중결합의 수가 많아짐에 따라 융점은 낮게 되어 상온에서 액상으로 된다. 또한 이중결합은 반응성이 높기 때문에 다가불포화지방산을 많이 함유한 유지는 산화, 변질되기 쉽다.

# 3. 단순지질(simple lipid)

단순지질은 지방산과 각종 알코올로 이루어진 에스테르의 총칭으로 유지(중성지질, triglyceride)와 왁스(wax)로 나눌 수 있다. 식품이나 체내 지질의 약 95%는 중성지질의 형태로 존재한다.

## 1) 유지(중성지질)

상온에서 액상으로 존재하는 것을 油(oil)라 하고 고체로 존재하는 것을 脂(fat)라고도 하며 지방(fat), 기름(oil)이란 용어를 사용하여도 같은 의미를 갖는다.

유지는 화학적 구조가 일반적으로 동일하다. 차이점이라면 포함되어 있는 지방산의 종류가 서로 다르다는 것이다. 동물성 유지는 트리글리세리드(triglyceride)를 형성하는 지방산의 대부분이 포화지방산인 반면 식물성 유지의 경우 불포화지방산이 차지하는 비율이 상대적으로 높다.

불포화지방산이 많이 포함된 유지는 융점이 낮다. 식물체와 수많은 향신료에서 나는 냄새성분은 식물체에 들어있는 “정유(essential oil)” 때문이며 이 “정유”는 휘발성의 유기화합물(에스테르 화합물)이지 식물성 유지성분인 트리글리세리드가 아니다.

### (1) 유지의 물리적 성질

① 용해성(solubility)

유지는 물이나 알코올(alcohol)에는 잘 녹지 않고 벤젠(benzene), 에테르(ether), 클로로포름(chloroform), 4염화탄소($CCl_4$) 등의 유기용매에는 녹는다. 이와 같은 유기용제를 이용하여 옷에 묻은 기름때를 제거할 수 있다. 동일한 용매에 대해서는 탄소수가 많은 지방산을 갖는 유지일수록 그리고 불포화지방산을 적게 갖는 유지일수록 용해도가 감소한다.

② 융점(melting point)

유지의 녹는점은 매우 불명확하며 비교적 넓은 범위를 갖는데 유지의 종류에 따라 -30℃에서 50℃로 그 차이가 크다. 불포화지방산보다 포화지방산이나 또는 탄소수가 많은 지방산을 함유한 유지가 융점이 높다.

표 5-2 유지의 융점

| 식물성유지 | 융점 | 동물성유지 | 융점 |
|---|---|---|---|
| 대두유 | -7~-8℃ | 쇠기름 | 40~50℃ |
| 참기름 | -3~-6℃ | 돼지기름 | 28~48℃ |
| 올리브유 | 0~6℃ | 닭기름 | 33~40℃ |

③ 발연점(smoking point)

유지를 가열하여 유지가 어느 일정온도에 도달하면 푸른색의 안개 또는 연기가 피어오르고 특유한 자극성의 냄새가 난다. 이때의 온도를 발연점(smoking point)이라고 한다. 연기의 성분은 지방산, 알데히드(aldehyde), 아크롤레인(acrolein) 등이다.

유지를 사용한 튀김식품 등에 이 연기들이 흡수되면 좋지 못한 맛이나 냄새가 나므로 되도록 발연점이 높은 유지를 사용하는 것이 좋다. 유지를 반복하여 사용하거나 음식부스러기가 들어가면 발연점이 낮아진다. 일반적으로 식물성 유지는 동물성 유지에 비하여 발연점이 높다.

④ 인화점(flash point)

유지를 가열할 때 발생되는 연기가 공기와 섞여서 점화되는 온도를 말하며 일반적으로 발연점(smoking point)이 높은 유지들은 인화점(flash point)도 높다.

유지에 불이 붙은 것을 끄려면 열원을 차단하고 뚜껑이나 담요 등을 사용하여 산소공급을 차단하는 것이 효과적이다.

**표 5-3** 유지의 발연점 및 인화점

| 유지 | 발연점(℃) | 인화점(℃) |
|---|---|---|
| 올리브유 | 199 | 321 |
| 콩기름 | 181~256 | 296~326 |
| 옥수수기름 | 178~227 | 294~326 |

※ 발연점 · 인화점의 온도에서 오른쪽은 정제한 유지임

### (2) 유지의 화학적 성질

① 비누화 반응(saponification)

유지가 알칼리에 의해서 분해되는 반응을 검화 또는 비누화(saponifacation)라고 하며 비누화에 의해서 지방산의 알칼리 금속염, 즉 비누가 생성된다. 비누를 제조할 때 널리 사용되는 알칼리물질로 수산화나트륨(가성소다), 수산화칼륨(가성칼리)이 사용된다. 비누는 여러 종류의 지방산의 나트륨염 혼합물이다.

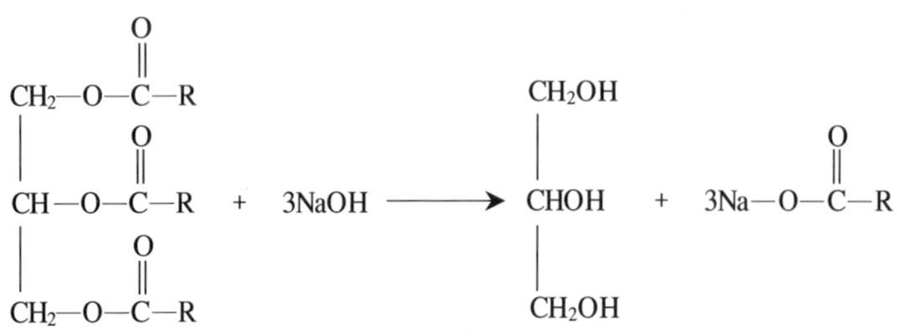

트리글리세리드 가성소다 글리세롤 비누(지방산의 나트륨 염)

**그림 5-4** 비누화 반응

② 요오드가(iodine value)

불포화지방산(unsaturated acids)의 이중결합에는 수소($H_2$)나 요오드($I_2$)가 쉽게 첨가되어 이중결합을 상실한다. 이때 유지 100g에 첨가되는 요오드의 g수를 요오드가(iodine valuc)라 하며, 유지의 구성성분인 지방산의 불포화도를 측정하는데 사용

되며, 요오드가 130 이상을 건성유, 100~130 사이인 것을 반건성유, 100 이하인 것을 불건성유로 분류한다.

**표 5-4** 유지의 요오드가

| 유 지 | 요오드가 | 유 지 | 요오드가 |
|---|---|---|---|
| 쇠 기 름 | 35.4~42.3 | 참 기 름 | 103~117 |
| 돼 지 기 름 | 62.5~79 | 콩 기 름 | 130~138 |
| 옥수수기름 | 111~128 | 해바라기유 | 129~136 |
| 올 리 브 유 | 79~88 | 호 두 기 름 | 139~150 |

③ 산가(acid value)

유지의 산가(acid value)는 유지 1g 중에 함유되어 있는 유리지방산을 중화하는데 필요로 하는 수산화칼륨(KOH)의 mg 수로 표시하는데 품질이 좋은 유지는 산가의 값이 적다. 정제정도가 불충분하거나 사용횟수가 많거나 오래되었을 경우에는 이 값이 높아진다. 그러므로 산가는 유지의 품질판정의 지표가 된다. 일반적으로 식용유의 산가는 1.0 이하이며 산가가 1.0 이상이면 식용으로 부적당하다.

**표 5-5** 유지의 산가

| 유 지 | 산 가 | 유 지 | 산 가 |
|---|---|---|---|
| 쇠 기 름 | 0.25 | 참 기 름 | 9.8 |
| 옥수수유 | 1.37~2.02 | 콩 기 름 | 0.3~1.8 |
| 면 실 유 | 0.6~0.9 | 해바라기유 | 11.2 |
| 올리브유 | 0.3~1.0 | 고 래 기 름 | 1.9 |

### (3) 유지의 변질

유지식품은 가공 및 저장 중에 변질을 일으켜 냄새와 맛이 변화하고 영양적 가치가 손실되는 등 품질이 저하되는 경우가 많다. 유지의 변질을 가져오는 요인은 다양하지만 가장 대표적인 것은 산패(rancidity)이다.

산패란 유지를 함유한 식품이 산소를 흡수하여 산화하거나 알칼리와 효소에 의하여 가수분해 등이 일어나는 것을 말한다.

#### ① 자동산화(autoxidation)

유지의 자동산화적 산패(rancidity)는 유지가 공기 중의 산소와 서서히 자연발생적으로 반응함으로써 일어난다. 트리글리세리드(triglyceride)분자의 이중결합에 산소분자가 끼어듦으로써 알데히드(aldehyde), 케톤(ketone), 산(acid)등 다양한 화합물들이 형성되는데, 이들 산패물질은 불쾌한 냄새, 점도증가 등을 가져온다.

산화적 산패반응은 온도, 광선, 수분 그리고 미량의 구리(Cu)〉 철(Fe)〉 니켈(Ni)〉 주석(Sn) 같은 금속원소에 의하여 더욱 가속화된다.

#### ② 가수분해적 산패

유지의 변질에는 산화 이외에 가수분해 반응이 있다. 리파아제(lipase) 효소는 유지를 글리세롤(glycerol)과 지방산(fatty acid)으로 가수분해 시킨다. 리파아제의 작용으로 형성된 유리지방산, 특히 사슬의 길이가 짧은 부티르산(butyric acid), 카프로산(caproic acid) 등 저급 지방산들은 좋지 못한 맛과 냄새의 원인이 된다. 예를 들어 버터의 불쾌한 맛은 주로 부티르산에 기인하는 것이다.

유지는 시원하고 어두운 곳에 보관하고 비금속성의 용기에 보관하도록 하면 산패를 어느 정도 지연시킬 수 있다. 식물성 기름에는 비타민 E 같은 천연 항산화제가 함유되어 있으나 가열하면 파괴된다.

$$
\begin{array}{lcccccc}
CH_2OOC \cdot R & & & & CH_2OH & & \\
| & & & & | & & \\
CHOOC \cdot R & + & 3H_2O & \xrightarrow{\text{lipase}} & CHOH & + & \cdot 3R \cdot COOH \\
| & & & & | & & \\
CH_2OOC \cdot R & & & & CH_2OH & & \\
\text{유 지} & & & & \text{glycerol} & & \text{지방산}
\end{array}
$$

**그림 5-5 유지의 가수분해**

### (4) 유지의 기능적 성질

① 유화(emulsification)

물과 유지는 서로 녹지 않으므로 그대로는 섞이지 않는다. 그러나 양쪽에 친화성을 가지는 계면활성제(surfactant)가 존재하면 분산질이 분산매에 분산되어 있는 상태 즉 유화액(emulsion)이 된다. 이 현상을 유화라 한다.

② 쇼트닝 작용(shortening action)

유지가 가진 중요한 기능 중의 하나로 밀가루 반죽에 유지류를 넣어 식품이 연하고 부드럽게 하는 작용을 쇼트닝(shortening)작용이라고 한다.

반죽에 유지를 넣은 식품이 부드러워지는 이유는 물에 용해되지 않는 성질을 가진 유지가 밀가루 반죽에 들어가면 형성된 글루텐(gluten)의 표면에 흡착되어 있는 수분의 위에 얇은 막을 형성하거나 작은 덩어리로 흩어져서 글루텐이 길게 성장하거나 또는 형성된 글루텐이 서로 단단하고 질긴 입체적 망상구조를 형성하는 것을 방해하기 때문이다. 이와 같이 유지가 글루텐을 짧게 한다는 뜻에서 쇼트(short)라는 말을 사용하고 그러한 용도로 사용하는 유지를 쇼트닝(shortening)이라고 한다.

또한 첨가한 유지로 인해 물의 침투가 어려운 반죽은 전분의 과도한 팽윤(swelling)을 막아주어 부드러운 상태로 된다. 이러한 작용을 '쇼트닝작용'이라고 하며 쇼트닝작용의 효력을 '쇼트닝 파워(shortening power)'라고 한다.

③ 가소성(plasticity)

가소성이란 고체가 적당한 조건 하에서 외부의 힘에 대하여 어느 한도 내에서 파괴되지 않고 외부의 힘에 따라 연속적으로 또는 영구적으로 변형된 후 외부의 힘을 제거하더라도 원래의 모습으로 돌아가지 않는 것을 말한다.

버터, 마가린 등의 유지도 가소성의 성질을 지니고 있기 때문에 특정온도에 도달하면 경도가 약화되어 부드럽게 펴 바를 수 있다.

유지의 가소성은 유지가 여러 가지의 트리글리세리드(triglyceride) 혼합물로 형성되었다는 특성에 기인하며 이는 트리글리세리드 각각이 고유의 융점(melting point)을 지니고 있기 때문에 나타나는 속성이다. 다시 말하여 특정 온도에서 어떤 유지는 액체 상태로 융해되는 반면 다른 유지는 고체결정형의 상태를 유지하기 때문에 부드럽게 퍼질 수 있는 것이다.

④ 수소화 반응

불포화지방산을 많이 함유하고 있는 유지에 니켈(Ni) 등을 촉매로 수소를 첨가하면 불포화도가 낮은 지방산을 함유한 유지로 경화(hardening)된다. 이것을 경화유라고 한다. 수소첨가 목적은 유지의 물리적 성질 개선, 색상, 풍미의 개선 등을 들 수 있다.

특히 그 자체로는 이용가치가 낮은 어유, 고래기름 등을 이용가치가 높은 마가린(margarine), 쇼트닝(shortening)의 원료로 사용하는데 이용한다.

### 2) 왁스(wax)

왁스(wax)란 고급알코올(alcohol)과 고급 지방산의 에스테르(ester) 화합물이다. 일반적으로 12~34개의 탄소원자로 된 사슬을 가지며, 동식물에 광범위하게 존재한다.

식물성왁스는 잎의 표면이나 줄기, 꽃, 과일의 표면에 존재하며 수분의 증발, 유해한 미생물의 침입으로부터 식물을 보호한다.

동물성왁스도 보호막으로 존재하며 새의 깃털, 피부, 머리카락의표면에 존재하면서 표면의 유연성과 습윤을 유지한다.

밀랍(bee wax)은 벌집의 주성분으로 가구, 종이 등에 광택제로 사용된다. 그러나 왁스는 쉽게 가수분해되지 않으므로 영양가는 없다.

## 4. 복합지질(compound lipid)

복합지질은 단순지질에 인, 당, 단백실 등이 결합되어 있는 지질이며, 결합된 성분에 따라 인지질, 당지질, 지단백질이 있다.

### 1) 인지질(phospholipid)

인지질(phospholipid)은 복합지질(compound lipid)로 디글리세리드(diglyceride)에 인산화합물이 결합된 구조를 말한다. 결합된 염기의 종류에 따라서 레시틴(lecithin), 세파린(cephalin), 스핑고마이엘린(sphingomyelin) 등이 있다.

#### (1) 레시틴(lecithin)

레시틴(lecithin)은 동물체의 뇌조직, 신경, 혈구 등에 존재한다. 식품 중에 콩과 달걀의 노른자에 많이 함유되어 있다. 특히 식물성 유지에 들어있는 레시틴은 천연 유화제로 마가린, 초코렛, 크림 등과 같은 유지 식품과 유제품 등에 사용된다.

#### (2) 세파린(cephalin)

세파린(cephalin)은 뇌, 난황, 대두 속에 많이 함유되어 있고 혈액 속에서는 혈액 응고에 중요한 역할을 한다.

#### (3) 스핑고마이엘린(sphingomyelin)

스핑고마이엘린(sphingomyelin)은 뇌, 신경, 간장 등에서 당질과 함께 존재한다.

### 2)당지질(glycolipid)

당지질(glycolipid)은 스핑고신(sphingosine)과 지방산 및 당질로 되어있는 복합지질이다. 주요 당지질로는 세레브로시드(cerebroside)와 강글리오시드(ganglioside)가 있다.

#### (1) 세레브로시드(cerebroside)

주로 뇌에 존재하며 구성당질의 대부분은 갈락토우스(galactose)이다.

#### (2) 강글리오시드(ganglioside)

신경조직의 신경절(ganglion) 세포에 주로 존재한다.

### 3) 지단백질(lipoprotein)

지질과 단백질의 복합체이며 대표적인 것으로 혈청(장)과 난황이 있다.

## 5. 유도지질(derived lipid)

단순지질과 복합지질의 가수분해로 생성된 물질이며 지방산, 고급 알코올류, 스테롤류, 탄화수소, 비타민 A · D · E · K 등이 여기에 속하며 대부분이 검화되지 않는 불검화물이다.

### 1) 스테롤(sterol)류

동 · 식물 조직 중에 존재하는 스테로이드(steroid)핵을 가진 환상 알코올의 일군을 스테롤(sterol)이라 부르며 천연지질의 불검화성 지질의 대표적인 것이다.

스테롤은 여러 개의 고리구조를 가지고 있는 물질이다. 스테롤에는 여러 종류가 있는데 그 기본 고리구조인 스테로이드핵에 어떤 물질이 결합되느냐에 따라 동물성스테롤(콜레스테롤-cholesterol 등), 식물성스테롤(시토스테롤-sitosterol 등), 효모, 곰팡이 등이 생산하는 균성스테롤(에르고스테롤-ergosterol)로 분류한다.

#### (1) 동물성 스테롤

콜레스테롤(cholesterol)은 동물성스테롤의 대표적인 것으로 중요한 생리적 기능을 갖는다. 콜레스테롤은 고등동물의 근육조직과 뇌, 신경조직, 혈액 등에 함유되어 있으며, 체내에서는 콜레스테롤로부터 담즙산, 성호르몬, 비타민 D 등이 합성된다. 콜레스테롤은 식품에서 섭취하기도 하고 간, 장벽, 부신(결콩팥)에서 합성되기도 한다.

주요 식품의 콜레스테롤 함량을 보면 다음과 같다.

**표 5-6 식품 중의 콜레스테롤 함량**

(mg / 100g)

| 식품 | 함량 | 식품 | 함량 |
|---|---|---|---|
| 쇠고기 | 70 | 건오징어 | 625 |
| 돼지고기 | 83 | 생오징어 | 312 |
| 닭고기 | 112 | 새우 | 200 |
| 달걀 | 470 | 버터 | 210 |
| 난황 | 1300 | 치즈 | 120 |

(2) 식물성 스테롤

① 시토스테롤(sitosterol)

시토스테롤은 대표적인 식물성스테롤로서 식물성유지에 널리 분포되어 있으며 밀의 배아유, 옥수수유에 많이 함유되어 있다.

② 에르고스테롤(ergosterol)

에르고스테롤은 버섯, 곰팡이, 효모 등에서 많이 발견되며 자외선 조사에 의해 비타민 $D_2$로 전환이 되므로 프로비타민 D로 알려져 있다.

### 2) 탄화수소(hydrocarbons)

상어와 같은 물고기의 어유에서 발견되는 스쿠알렌(squalene)은 대표적인 탄화수소이며, 분자식은 $C_{30}H_{50}$이다. 스쿠알렌은 콜레스테롤(cholesterol)과 같은 스테로이드화합물의 전구물질로 알려져 있다. 누에번데기기름, 각종 어유에서 탄화수소가 발견되고 있다.

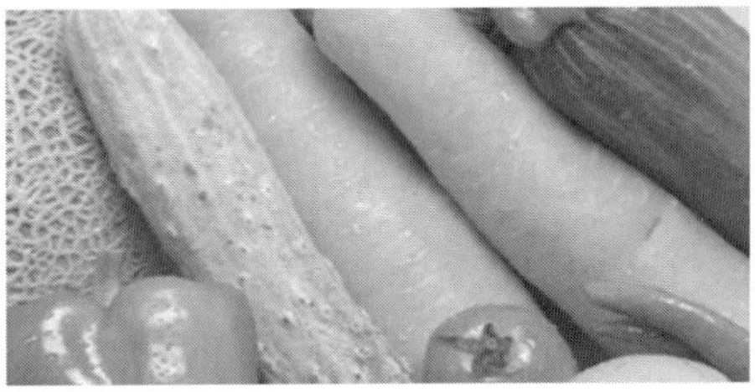

제 6 장

# 지질식품과 조리

지질은 동·식물체 조직에 존재하는 물에 불용성인 유기화합물이다. 지질은 많은 종류의 물질을 함유하고 있기 때문에 생체 내에서 다양한 역할을 하는 영양소이다. 우리 체내에서는 지용성 비타민의 흡수를 촉진하며 식품내에서는 지용성 비타민의 용매로 작용한다. 특히 동물에서는 피하에 영양소으로 저장되며 영양소 중에서도 가장 높은 에너지를 낸다.

유지류를 조리라는 관점에서 보았을 때 음식의 주재료가 되는 일은 없으나 식품에 풍미를 더하며 음식의 질은 높이는 작용을 한다.

## 1. 유지와 조리

### 1) 튀김(frying)

기름은 열의 전달매체로서 조리에 이용되고 있는데, 물보다 더 높은 온도까지 가열될 수 있기 때문에 짧은 시간에 조리가 가능하며 식품의 탈수, 흡유과정을 통하여 단단한 식품의 조직을 연하게 해주며 풍미와 색을 증진시켜 식욕을 돋구어 준다.

또한 조리방법 중에서 조리로 인한 영양가의 손실이 가장 적은 방법이기도 하다.

식품을 튀기는 용기의 넓이도 기름의 발연점에 영향을 준다. 기름의 표면적이 넓을수록 발연점이 낮아져 쉽게 연기를 내기 때문이다. 그러므로 두꺼운 금속으로 된, 직경이 작은 용기에, 많은 양의 기름을 넣고 필요한 온도까지 가열한 후 튀김을 하는 것이 좋다. 튀김을 할 때에는 식품에 기름이 많이 흡수되면 입안에서의 느낌과 맛이 떨어진다.

튀김을 한 식품에 흡유량이 많아지는 원인은 첫째, 낮은 온도에서 오랜시간 튀김을 했을 경우, 둘째, 튀기는 식품재료의 표면적이 넓을 때, 셋째, 발연점이 낮은 유지를 사용했을 경우 등이다.

### (1) 튀김 기름

① 현재 시중에서 판매되고 있는 식용유는 어떤 원료에서 짠 것이든 모두 탈취, 탈색을 하고 착유 과정에서 생긴 유리지방산을 제거한 것이기 때문에 튀김용으로 적합하다.

② 튀김유는 샐러드유만큼 충분히 정제하지 않는다.
색상은 담색으로 냄새가 없는 것이 좋으며 주로 콩기름, 채종유, 옥수수유, 미강유, 올리브유 등을 사용한다.

③ 식품을 튀기고 나면 고운체를 사용하여 기름을 걸러 식품 부스러기가 남아 있지 않도록 하여 차고 어두운 곳에 보관하여야 한다.

■ 샐러드유

샐러드유는 튀김용 기름보다 고도로 정제한 식용유이다. 샐러드유는 차게 해서 먹는 경우가 많으므로 저온에서 백색침전하거나 고체지방 등이 석출되지 않도록 미리 냉각해서 고체지방을 제거한 것이며 이 과정을 동유처리라 한다. 샐러드 이외에 통조림의 주입유와 마요네즈 등에 사용한다.

■ 동유처리(wintering)

탈랍과정이라 부르며 유지를 탈산, 탈색, 탈취 등의 공정을 거친 후 -1℃~3℃로 냉각했을 때 생기는 백색침전물을 분리하는 조작이다. 이 처리를 한 유지는 겨울에도 탁해지지 않고 저온에 저장해도 투명하게 보존할 수 있으며 동유처리를 한 기름은 샐러드드레싱의 재료로 주로 사용한다.

### (2) 온도와 시간

튀김식품은 재료에 따라 튀기는 온도가 달라진다.

· 표면만을 가열해도 좋은 식품은 고온에서 단시간 튀긴다.

· 속까지 충분히 열이 가해져야 하는 식품은 낮은 온도에서 장시간 가열해야 한다.

튀김을 할 때의 적당한 온도를 알기위해서는 온도계를 사용하여야 하나 온도계가 없을 때에는 다음과 같은 방법으로 판단할 수 있다.

① 150℃ : 튀김옷이 바닥까지 가라앉았다가 좀처럼 떠오르지 않는다.
② 160℃ : 튀김옷이 바닥까지 가라앉았다가 즉시 떠오른다.
③ 170℃ : 튀김옷이 중간까지 가라앉았다가 떠오른다.
④ 180℃ : 튀김옷이 가라앉지 않고 표면으로 퍼진다.

### (3) 튀김옷의 재료

① 밀가루

어떤 방법으로 식품을 튀기던 튀김옷의 주재료는 밀가루이다. 튀김옷이 얇고 질기지 않으려면 밀가루 반죽에 글루텐(gluten)이 많이 생기지 않아야 한다. 그러므로 글루텐 함량이 가장 낮은 박력분을 사용하는 것이 좋다.

중력분을 사용하는 경우에는 밀가루 무게의 10~15%를 전분으로 대치하여 박력분과 비슷한 비율로 글루텐 함량을 희석시키는 것이 좋다.

② 달걀

튀김옷을 만들 때 밀가루를 물로만 반죽하는 것보다 물의 1/3~1/4을 달걀로 대체하면 튀김이 연해지고 맛도 향상된다. 달걀은 물에 쉽게 용해되고 단백질과 지질이 존재하므로 글루텐의 형성이 잘 안되며 단백질이 열에 의해서 응고될 때 수분을 방출하므로 튀김이 바삭하게 튀겨진다.

③ 중조

밀가루를 물에 풀어 튀김옷을 만들려고 할 때에는 밀가루 무게의 0.2% 정도의 중조(식소다)를 넣으면 가열 중 이산화탄소($CO_2$)를 발생하면서 동시에 수분도 증발하므로 튀김옷의 수분함량이 적어져 가볍게 튀겨진다. 달걀을 넣었을 때와 비교하면 튀김옷이 약간 단단해진다.

④ 설탕

튀김옷에 설탕을 넣으면 고온에서 캐러멜화 반응(caramelization)이 일어나 튀김옷의 색이 적당하게 갈색으로 변하여 먹음직스러워지는 동시에 튀김옷이 연해지고 바삭바삭해진다. 이것은 설탕이 글루텐을 군데군데 짧게 끊어버림으로써 물의 증발을 용이하게 하기 때문이다.

### 2) 크리밍성(creaming)

유지를 교반했을 때 공기가 혼입되는 성질을 크리밍성이라 한다. 아이스크림, 생크림, 버터 등을 교반하면 공기가 들어가서 부피가 커지고 가벼운 느낌과 담백한 맛을 느끼게 되는데 이것은 유지의 크리밍성에 의한 것이며 이러한 성질은 생크림, 버터, 크림 등을 만들 때 이용된다.

유지의 양에 비하여 공기를 많이 품는 유지일수록 크리밍성이 크며 마가린이나 쇼트닝은 유지 입자가 작으므로 크리밍성이 크다. 크리밍성이 큰 유지일수록 밀가루 제품의 팽창을 돕고 품질도 향상시킨다.

## 2. 유지의 종류

유지는 필수지방산(essential fatty acid) 등의 영양소가 풍부하지만 다른 열량영양소에 비하여 같은 양으로도 더 많은 에너지를 내기 때문에 많은 양을 섭취하면 비만, 심장병, 당뇨병 등의 원인이 되기도 한다.

유지는 원료에서 채취 후 정제과정을 거쳐 그대로 사용하는 경우(우지, 콩기름, 참기름, 면실유, 올리브유 등)와 그것을 가공 처리하여 2차 제품으로 만들어 사용하는 경우(버터, 마아가린, 쇼트닝 등)가 있다.

## 1) 동물성 유지

동물성 유지는 포화지방산(saturated fatty acid)의 함량이 많기 때문에 너무 많은 양을 섭취하지 않도록 하여야 한다. 식용에 적합하지 않은 저급품은 비누 제조용 등으로 사용된다.

### (1) 우지(beef tallow)

소의 허리와 신장주변에 있는 지방조직으로부터 얻어지는 연한 황색을 띠는 고체지방으로 신선한 것은 냄새, 맛이 없다.

융점(melting point)이 높아 식으면 고형으로 엉기게 되므로 더운 조리에 이용하며, 상온에서는 고체이다. 질이 낮은 우지는 세척제의 원료 등 공업용으로 이용되기도 하며, 또한 비스킷, 크래커 등의 제조에 이용되기도 한다.

### (2) 라드(lard)

라드는 돼지의 복부나 콩팥 및 기타 다른 지방조직으로부터 얻어지는 백색의 고체지방을 말하는데 질이 좋은 라드는 색이 희고 냄새가 나지 않아야 하는데 콩팥이나 복부부위의 지방이 이에 속한다.

라드는 다른 유지보다 쇼트닝성(shortening)이 크고 식품을 부드럽게 하는 힘이 크기 때문에 전에는 제과용으로 많이 이용되었으나 요즈음에는 식물성기름으로 만든 쇼트닝이 더 많이 이용되고 있다.

또한 라드는 다른 유지에 비하여 발연점(smoking point)이 낮기 때문에 튀김용의 기름으로는 부적당하나, 독특한 풍미가 있어 중국조리에서 많이 이용하고 있다.

### (3) 어유(fish oil)

어유는 생선에서 얻어지는 기름으로 EPA, DHA 같은 이중결합이 5~6개가 있는 다가불포화지방산이 다량 함유되어 있다. 따라서 자동산화가 대단히 쉽게 일어나므로 식용유지로 직접 사용되지는 못하고 수소를 첨가한 경화유로 만든 후에 사용할 수 있다.

어유나 고래기름 등은 이용가치가 높은 마가린, 쇼트닝을 제조하는데 쓰이며, 고등어유는 우유 등에 DHA의 식품 첨가물로서 이용되기도 한다.

#### (4) 버터(butter)

우유를 원심분리하여 얻은 크림(cream)을 살균, 혼합하여 세균배양으로 발효, 숙성시킨 다음 교반하여 뭉쳐 집합시킨 것으로 소화율이 높고 향도 좋다.

버터의 색은 우유지방 카로텐(carotene)류 색소에 의한 것이고, 그 함량은 소의 품종, 사료의 종류에 따라 달라질 수 있다.

여름에 풀을 많이 먹은 소의 우유로 만든 버터는 카로텐류 색소의 함량이 많아 짙은 색을 띠지만, 겨울에는 버터의 색이 엷어지게 되므로 일정한 색을 유지하기 위하여 착색을 하고 있다.

버터의 종류에는 소금을 1~2%첨가하여 만들며 가정에서 많이 이용되는 가염버터(salted butter), 소금을 첨가하지 않고 주로 영업용으로 사용되는 무염버터(unsalted butter), 젖산균으로 발효시켜 향과 소화율이 좋은 발효버터(sour butter), 발효버터를 다시 공기를 불어넣어 만들어 제과용으로 많이 쓰이는 휩트버터(whipped butter)가 있다.

### 2) 식물성 기름

식물에서 얻는 유지로, 주로 식물의 종자에서 얻으며, 원료에 따라 풍미가 다른 식물성 기름은 콩이나 곡류 등에 포함되어 있는데 불포화지방산(unsaturated fatty acid)을 함유하고 있어서 성인병의 예방에 효과가 있다.

식물성기름은 불포화 정도에 따라 건성유, 반건성유, 불건성유로 분류된다.

#### ① 건성유(drying oil)

건성유는 식물성 기름 중에서 건조성이 강한 기름이며, 건조성이란 기름이 공기중에서 산소를 흡수하여 산화, 중합, 축합을 일으킴으로써 점성이 증가하여 마침내

고화(固化)하는 성질을 말한다.

아마인유, 들깨기름, 해바라기기름, 호두기름 등

② 반건성유(semi drying oil)

반건성유는 공기 속에 방치하면 서서히 산화하여 점성도가 증가하나, 고화(固化) 상태로까지는 되지 않는 기름이다. 건성유와 불건성유의 중간성질을 가지고 있다.

참기름, 면실유, 미강유, 옥수수기름 등

③ 불건성유(non drying oil)

불건성유는 산소와 결합하기 어려워 공기 중에 방치하여도 굳어지지 않는 기름이다.

동백기름, 올리브기름, 땅콩기름, 피마자기름 등

### (1) 대두유(soybean oil)

대두유는 세계에서 가장 많이 생산되고 있는 기름으로 정제정도에 따라 샐러드유나 튀김유로 사용된다.

비타민 E(tocopherol)가 풍부하여 미용과 노화방지에 효과가 있으며, 또한 마가린과 쇼트닝의 원료로 이용되기도 한다.

### (2) 참기름(sesame oil)

참깨는 우리나라 뿐만 아니라 중국, 인도 등 많은 지역에서 재배되며 우리나라, 일본, 중국에서 오래전부터 이용해왔던 식용유로서 향기와 맛이 뛰어나고 저장성이 좋은 반건성유이다.

그러나 산화안정성은 뛰어나지만 정제도가 낮아 발연점(smoking point)이 낮으므로 튀김용으로는 부적당하다.

### (3) 면실유(cotten seed oil)

목화는 섬유용으로 재배하고 부산물로 얻어지는 목화의 씨를 짜서 만든 면실유는 식용유 중에서 고급에 속한다.

면실유는 정제하기 전에는 암적색을 띠며 불쾌한 냄새가 나고 강력한 항산화력과 독성이 강한 유독물질인 고시폴(gossypol)이 함유되어 있으므로 반드시 정제하여 사용하여야 한다.

쇼트닝, 마가린, 마요네즈, 통조림의 주입유 등에 이용하며 볶음과 튀김 등의 조리에도 이용된다.

### (4) 옥수수유(corn oil)

옥수수 종자에서 얻은 기름이다. 옥수수 종자에는 약 33~40%의 유지가 함유되어 있으며 압착하고 용매로 추출한 것을 정제하고 동유처리(wintering)하여 왁스성분을 제거한 것이다. 동유처리란 옥수수유, 면실유 등을 약 7.2℃까지 냉각시켜 고체화된 지방을 여과한 것이다. 동유처리를 하게 되면 융점이 높은 지방을 제거하였으므로 냉장온도에서도 기름이 혼탁하지 않게 된다.

보관성과 풍미가 좋고 산화안정성, 가열안정성이 뛰어나며, 연속 튀김을 할 때 거품이 잘 안생기고 발연점의 저하가 낮아 장시간 사용이 가능하다. 샐러드유로 이용되며 그 외에 튀김유 및 마요네즈, 마가린 제조 등에 많이 쓰인다.

### (5) 미강유(rice bran oil)

미강유는 쌀의 도정 중에 나오는 부산물인 미강(약 8%)의 지질에서 추출되는 기름으로 유일한 국산원료의 기름이며 현재 현미유라는 제품명으로 생산되고 있다. 도정 후에는 미강 자체에 함유되어 있는 효소에 의해 변패가 잘 일어나고 다른 식물성유에 비해 왁스, 인지질 등이 많이 함유되어 있어 고도의 정제기술이 필요하다.

미강유는 건강식품, 약품, 천연식품 등의 첨가물로서 이용된다.

### (6) 유채유(rapeseed oil)

겨자과에 속하는 1년 또는 2년생 초본(草本)인 유채의 씨에서 착유한 기름이다.

응고성분이 적고 질병에 대한 저항력이 높지만, 섭취했을 때 해가 되는 에루크산(erucic acid)이 약 50% 정도 함유되어 있다. 에루크산의 함량을 5% 이하로 줄여 개발한 것이 카놀라유(canola oil)이다. 우리나라에서는 최근 에루크산 함량이 2% 이하인 카놀라유를 생산하고 있다.

카놀라유는 샐러드유, 쇼트닝, 마가린 제조 등에 이용되고 있으나 고온조리에는 권장하지 않는다.

#### (7) 올리브유(olive oil)

올리브나무의 열매로부터 채취한 기름이며, 올리브에는 약 30~70%의 기름이 함유되어 있고 압착법 또는 추출법으로 채유하고 있다.

지중해 연안에서 주로 생산되는 올리브유는 연한 황색을 띠며 특유의 향기와 맛을 지닌 식용유 중에서 최고급품으로 세계적으로 귀중하게 사용된다.

올레산(oleic acid)과 리놀레산(linoleic acid)이 풍부하며 샐러드용이나 여러 가지 양식조리에 많이 이용된다.

#### (8) 해바라기유(sunflower oil)

검은색 해바라기 씨에서 얻는 기름으로 냄새가 거의 없으며 담백한 맛을 낸다. 리놀레산이 많이 함유되어 있어 산패되기가 쉽다.

샐러드유, 쇠고기나 생선의 마리네이드(marinade)에 이용된다.

### 3) 가공유지

#### (1) 마가린(margarine)

식용유지(유지방 포함)에 물, 식염, 유화제, 색소 혹은 발효유 등을 첨가하여 경화시켜 천연버터 모양의 성질과 풍미를 준 천연버터의 대용품이며, 인조버터라고도 한다. 마가린은 프랑스의 나폴레옹 3세가 버터 대용품을 모집한 결과 화학자 메주

모리(Mege Mories)가 고안하여 1873년 영국과 프랑스의 특허를 얻은데서 비롯하였다.

과거에는 생선기름, 또는 고래기름의 경화유를 사용하였으나 오늘날에는 식물성 기름이 많이 사용되고 발효유를 가하여 풍미를 조절하거나 비타민 A · D를 강화하여 영양적으로도 우수하다.

단단한 마가린은 부드러운 마가린보다 수소화 처리가 많이 된 것으로 포화지방산의 함량비율이 많다. 그러나 요즈음은 경화기술의 발달로 냉장온도에서도 부드럽고 퍼짐성이 좋은 제품을 생산하고 있다.

### (2) 쇼트닝(shortening)

쇼트닝(shortening)은 마가린과 달리 수분을 첨가하지 않고 100% 유지로 만든다. 라드(lard)의 대용품으로 1919년경에 미국에서 처음 개발하였다. 쇼트닝은 순수 유지제품으로 식물성 기름과 어유 그리고 동물성 지방을 혼합하여 만든다.

목적에 따라 여러 가지 성질의 유지를 혼합하여 질소가스를 불어 넣으면서 급냉하면 응고되어 만들어진다. 가소성(plasticity)이 좋기 때문에 제과, 제빵용으로 이용된다.

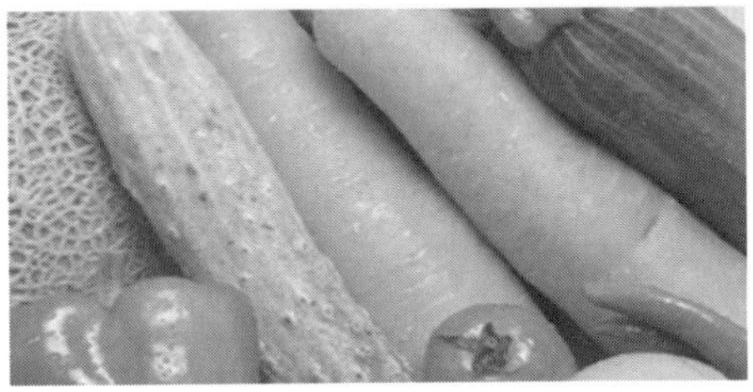

# 제 7 장

# 단백질 (Protein)

단백질(protein)은 탄수화물(carbohydrate), 지질(lipid)과 함께 일반식품에 다량 들어있는 대단히 중요한 영양소이며, 1g당 4Kcal의 열량을 낸다. 살아있는 모든 동·식물체의 세포질 내에 단백질이 함유되어있다. 단백질은 생체를 구성할 뿐만 아니라 생체의 기능을 유지하기 위한 생리학적 역할을 가지고 있는 것이 많다.

단백질은 유기화합물이며 탄소(C), 수소(H), 산소(O) 같은 원소로 구성되어 있다는 점에서 탄수화물 및 지질과 유사하다고 할 수 있다. 하지만 단백질은 이들 3 가지 원소 이외에 질소(N)를 포함하고 있으며 황(S), 또는 인(P)을 포함하는 단백질도 많이 있다. 단백질은 화학적으로 아미노산(amino acid)이 펩티드(peptide) 결합을 하여 폴리펩티드(polypeptide) 사슬을 이룬 복잡한 화학구조로 된 고분자 화합물이다.

질소(N)는 아미노산의 아미노기($-NH_2$)로부터 유래되기 때문에 단백질은 모두 약 16%의 질소를 함유하고 있다. 따라서 식품중의 단백질 양은 식품중의 질소의 함량을 킬달(kjeldahl)법으로 측정하고 그 값에 질소계수 6.25(100/16)를 곱하여 조단백질(crude protein)의 함량으로 한다.

식물체는 무기물질을 활용하여 단백질을 합성한다. 그러나 식물과는 달리 동물은 무기화합물을 활용하여 단백질을 합성하는 능력이 없다. 즉, 모든 동물은 단백질을 식이로 섭취하여야만 한다. 섭취한 단백질은 체내에서 가수분해 되어 아미노산으로 흡수되어 체조직 형성 등에 필요한 단백질로 다시 재합성된다. 단백질을 구성하고 있는 기본단위인 아미노산은 20여 종이 된다.

# 1. 아미노산(amino acid)

## 1) 아미노산의 구조

단백질(protein)은 아미노산들의 화합결합으로 이루어진 거대분자이다. 한 분자내에 아미노기(amino group, $-NH_2$)와 카르복실기(carboxyl group, $-COOH$)를 가지는 화합물을 아미노산(amino acid)이라고 한다. 아미노산의 일반 구조식은 그림 7-1과 같다.

R : 탄소의 사슬로서 아미노산의 종류에 따라 탄소의 수가 다르다.
R에 탄소가 없을 때는 수소(H)가 결합된다.

**그림 7-1** 아미노산의 일반구조식

아미노기($-NH_2$)가 결합하고 있는 탄소의 위치에 따라 $\alpha$-아미노산, $\beta$-아미노산, $\gamma$-아미노산 등으로 불리우며, 일반적으로 단백질을 구성하는 아미노산은 대부분이 $\alpha$-아미노산이다.

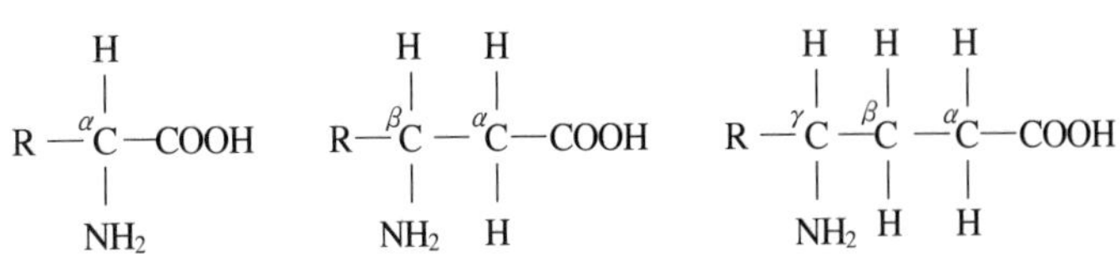

$\alpha$ - 아미노산 $\beta$ - 아미노산 $\gamma$ - 아미노산

**그림 7-2** 아미노산의 구조

아미노산은 분자 중에 아미노기(-$NH_2$ )와 카르복실기(-COOH)를 모두 포함하고 있다. 따라서 아미노산은 산의 성질과 알칼리의 성질을 동시에 지니고 있기 때문에 양성물질이라 지칭한다.

## 2) 아미노산(amino acid)의 성질

### (1) 용해성(solubility)

아미노산(amino acid)은 대부분 물, 묽은 산, 알칼리 및 염류용액에 녹으며 알코올에는 잘 녹지 않는 성질을 가지고 있다. 그러나 프롤린(proline), 히드록시프롤린(hydroxyproline)은 알코올에 잘 녹는다.

### (2) 융점(melting point)

아미노산의 융점(melting point)은 보통 200℃ 이상으로 다른 유기화합물에 비하여 매우 높다. 아미노산을 가열하면 대부분 용융하기 전이나 용융 중에 분해된다.

### (3) 필수아미노산(essential amino acid)

단백질을 구성하는 아미노산 중에서 인체 내에서는 거의 합성이 되지 않기 때문에 영양상 외부로부터 섭취하지 않으면 안 되는 아미노산을 필수아미노산(essential amino acid)이라고 한다. 성인에 있어 필수아미노산은 8종이며 성장기 아동이나 회복기 환자에는 알기닌(arginine)과 히스티딘(histidine)이 추가된다. 나머지 비 필수아미노산들은 아미노산 간의 상호 전환에 의하여 체내합성이 가능하다.

**표 7-1** 필수/비 필수아미노산

| 필수 아미노산 | 비필수 아미노산 |
|---|---|
| 이소루신((isoleucine) | 알라닌(alanine) |
| 루신(leucine) | 알기닌(arginine) |
| 리신(lysine) | 아스파라긴(asparagine) |
| 메티오닌(methionine) | 아스파르트산(aspartic acid) |
| 페닐알라닌(phenylalanine) | 시스테인(cysteine) |
| 트레오닌(threonine) | 글루탐산(glutamic acid) |
| 트립토판(tryptophan) | 글리신(glycine) 글루타닌(glutanine) |
| 발린(valine) | 프롤린(proline) 세린(serine) |
| | 티로신(tyrosine) 히스티딘(histidine) |

## 2. 단백질(protein)의 구조

단백질(protein)은 여러 아미노산으로된 고분자의 폴리펩티드(polypeptide)이며, 이들 아미노산은 펩티드(peptide) 결합에 의하여 연결된다. 한 아미노산의 카르복실기(-COOH)가 다른 아미노산의 아미노기(-$NH_2$)와 반응하여 물 1분자를 잃고 아미드(amide, -CONH-) 형태로 결합한 것을 펩티드(peptide) 결합이라고 한다.

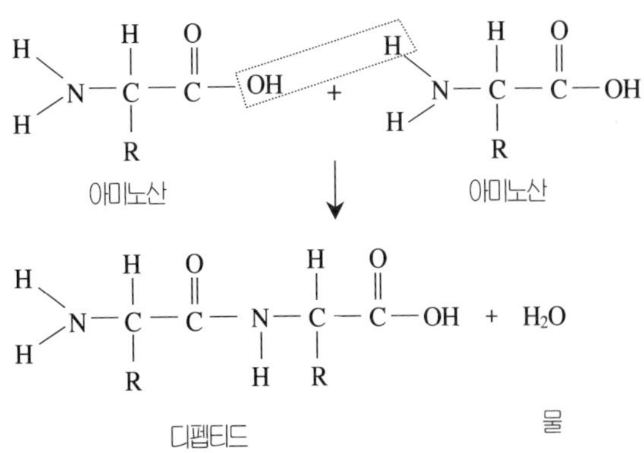


**그림 7-3** 펩티드 결합의 형성

이와 같은 결합방식을 축합중합반응이라 한다. 두 분자의 아미노산이 결합하여 디펩티드(dipeptide)를 형성하는데 이 때 -CONH-의 펩티드 결합이 이루어진다. 10개 이상의 아미노산들끼리 결합함으로써 사슬이 길어지는 경우 폴리펩티드(polypeptide)라고 한다. 단백질분자는 한 개의 폴리펩티드 사슬로 구성될 수도 있으며 몇 개의 폴리펩티드 사슬이 교차결합에 의하여 연결된 형태일 수도 있다.

일반적으로 아미노산이 수십 분자 이상, 분자량이 약 1만 이상의 큰 폴리펩티드를 단백질이라고 한다. 단백질 분자들은 매우 다양한 구조를 지니고 있는데, 왜냐하면 20여 가지나 되는 아미노산들이 다양한 형태의 배열을 형성할 수 있기 때문이다. 예를 들어 아미노산 10분자가 결합된 폴리펩티드분자가 있다고 가정할 때, 20가지 아미노산으로 만들 수 있는 폴리펩티드의 종류는 $20^{10}$개로 가히 10억 개가 넘는다. 이것으로 미루어 짐작컨대 거의 무한대에 가까운 다양한 종류의 단백질 분자가 있을 수 있다.

단백질의 구조는 아래 그림 7-4와 같이 4 가지 구조로 되어있다. 1차 구조는 단백질을 구성하는 아미노산의 배열순서이다. 이것은 세포의 핵에 들어있는 디옥시리보핵산(deoxyribonucleic acid : D.N.A)에 기록된 암호에 의해 결정된다. 2차 구조는 3차구조의 부분구조이며, $\alpha$-나선($\alpha$-helix)구조, $\beta$-병풍($\beta$-pleated sheet)구조, 불규칙(random coil)구조라고 하는 3 가지 구조를 말한다. 3차 구조는 하나의 펩티드쇄가 형성한 전체의 입체구조이다. 4차 구조는 일정한 3차 구조를 가진 단백질 분자가 회합하여 전체로서 하나의 기능을 발휘하게 되는 경우를 말한다.

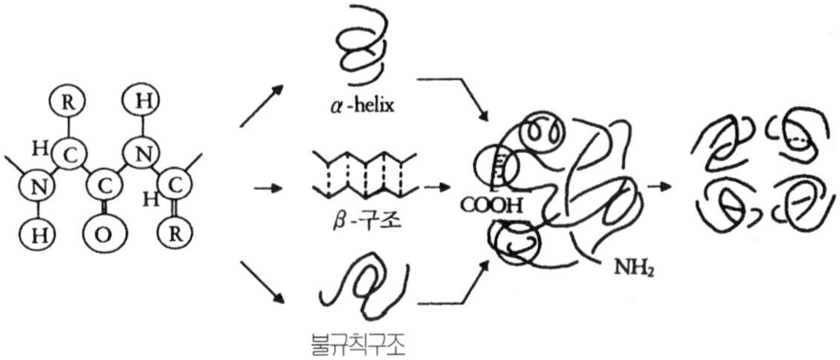


**그림 7-4** 단백질의 구조

### 1) 단백질의 1차 구조(primary structure)

단백질의 특징을 나타내는 것은 펩티드(peptide) 결합을 하고 있는 아미노산의 배열 순서로서 이것은 단백질의 종류에 의하여 결정된다. 아미노산이 펩티드 결합에 의해 사슬모양으로 결합된 폴리펩티드 사슬(polypeptide chain)을 말하며 아미노산의 종류와 그 양 및 결합 순서를 알 수 있다.

### 2) 단백질의 2차 구조(secondary structure)

폴리펩티드 사슬(polypeptide chain)은 직선적으로 늘어서 있는 것이 아니고 구성 아미노산끼리 상호작용(수소결합 등)에 의해 입체구조를 형성한다. 이것을 단백질의 2차 구조라고 한다.

대표적인 것은 α-나선구조(α-helix)이며, 이 α-나선구조는 생체의 기능단백질(효소 등)에 많이 존재한다. β-병풍구조(β-pleated sheet)를 갖는 단백질은 명주실(silk)에서 볼 수 있는 섬유상 단백질이다.

### 3) 단백질의 3차 구조(tertiary structure)

2차 구조를 한 폴리펩티드 사슬이 더욱 구부러지거나 중합된 복잡한 단백질의 입체구조를 3차 구조라 한다. 단백질의 3차 구조를 유지하는 힘은 수소결합, 이온결합, 공유결합(S-S 결합) 등이다. 이 3차 구조에 의해서 단백질의 형태가 정해지며 구상 단백질(globular protein)과 섬유상 단백질(fibrous protein)로 구별된다.

### 4) 단백질의 4차 구조(quaternary structure)

단백질의 3차 구조를 이루고 있는 폴리펩티드 사슬(polypeptide chain)이 여러 개가 모여서 특정한 모양으로 집합체를 만들 때 이를 단백질의 4차 구조라고 한다.

## 3. 단백질(protein)의 분류

단백질의 종류는 다양하기 때문에 그 조성이나 구조적 특징, 그리고 생리적 기능에 따라 여러 가지로 분류될 수 있다.

### 1) 조성에 따른 분류

단백질은 그 조성에 의하여 분류하면 아미노산으로만 구성된 단순단백질(simple protein), 아미노산 이외에 당과 지질 등을 함유한 복합단백질(conjugated protein), 천연단백질이 물리적, 화학적인 변화를 받은 유도단백질(derived protein)로 분류된다.

#### (1) 단순단백질(simple protein)

단순단백질은 아미노산으로만 구성되어 있는 비교적 그 구조가 간단한 단백질이다. 식품단백질로서 동물성 단백질에 많이 분포되어 있는 알부민(albumin), 곡류 등 식물성단백질에 많은 글루텔린(glutelin), 프롤라민(prolamin), 동・식물계에 널리 분포되어 있는 글로불린(globulin) 등이 있다.

### (2) 복합단백질(conjugated protein)

복합단백질은 단순단백질에 핵산(nucleic acid), 당질(glucoside) 등과 같은 비단백성 물질이 결합된 단백질로서 생체의 세포 내에 함유되어 생리적으로 중요한 활성을 갖는다. 당류와 단백질이 결합하여 조직 및 장 내의 윤활작용과 동식물 세포 및 조직의 보호 작용을 하는 당단백질(glycoprotein) 등 여러 가지가 있다.

### (3) 유도단백질(derived protein)

유도단백질은 단순단백질이나 복합단백질과 같은 천연단백질이 열, 자외선 등의 물리적 작용이나 산, 알칼리 등의 화학적 작용, 효소의 작용에 의해 변성된 단백질을 말한다. 변화된 정도에 따라 제 1 차 유도단백질과 제 2 차 유도단백질로 나눈다.

① 제1차 유도단백질

- 젤라틴(gelatin) - 콜라겐(collagen)을 물과 함께 장시간 끓이면 뜨거운 물에는 녹고 찬물에는 녹지 않는 젤라틴이 얻어진다.
- 응고단백질(coagulated protein) - 천연의 단백질이 열, 자외선, 기계적 교반 등으로 변성하여 응고된 것이다. 조리한 달걀의 알부민(albumin)이 좋은 예이다.

② 제2차 유도단백질

제1차 유도단백질보다 변성이 더욱 진행된 것으로 단백질이 아미노산까지 가수분해될 때의 중간생성물을 말하여 분해단백질이라고도 한다.

## 2) 구조에 의한 분류

단백질의 구조는 매우 다양하지만 분자의 형태를 기준하여 섬유상단백질(fibrous proein)과 구상단백질(globular protein)의 2 종류로 구분한다.

단백짇은 워래 입체구조를 이루지만 이해가 빠르게 평면상의 형태를 보면 아래와 같다.

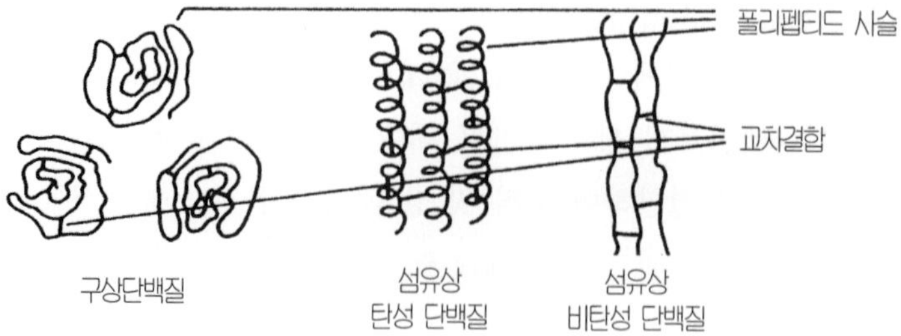


**그림 7-5 단백질의 종류**

### (1) 구상 단백질(globular protein)

구상 단백질(globular protein)은 대개 둥그스름한 형태를 이루고 있으며 정확한 구상이 아닐 수도 있다. 아미노산 사슬이 여러 방향으로 구부러진 상태에서 아미노산 사슬내의 교차결합에 의하여 둥근 형태를 유지한다. 구상 단백질 분자들은 조밀하게 뭉쳐있지 않을 뿐 아니라 어떤 규칙적인 배열형태도 찾을 수 없다. 따라서 분자 내의 빈 공간에 물 분자가 침투하는 것은 전혀 어려운 일이 아니다. 구상 단백질은 물 또는 염용액에 쉽게 분산되어 콜로이드(colloid)를 형성한다.

식품에 들어있는 구상 단백질의 예로 달걀흰자의 오브알부민(ovalbumin)을 들 수 있다. 보통 식품중의 단백질은 구상 단백질에 속하며 영양소로 된다. 체세포에 들어있는 거의 모든 단백질은 구상 단백질이다.

### (2) 섬유상 단백질(fibrous protein)

섬유상 단백질(fibrous protein) 분자는 보다 곧은 형태를 지니고 있다. 거의 완전히 직선형태를 이룬 것도 있고 나선형으로 감긴 것도 있다. 섬유상 단백질은 규칙적인 배열을 이루고 있으며 분자들끼리 서로 조밀하게 근접하여 위치한다. 그리고 인접한 아미노산 사슬들 간에 교차결합을 형성하고 있어 물분자가 침투하기 어렵다. 따라서 섬유상 단백질은 대부분 물에 용해되지 않는다.

머리카락, 손톱, 발톱 등에 분포되어 있으며, 밀에 들어있는 불용성 단백질인 글루텐

(gluten)도 섬유상 탄성단백질이다. 섬유상 단백질은 대부분 영양적 가치는 적다.

### 3) 생리적 기능에 의한 분류

단백질에는 생리적 기능을 갖는 것이 많으며 그 작용에 따라 분류하면 다음과 같다.

**표 7-2** 생리적 기능에 의한 단백질의 분류

| 단백질 | 예 | 소재 및 작용 |
|---|---|---|
| 효소 | ribonuclease<br>trypsin<br>lysozyme | 핵산(RNA)의 분해<br>단백질의 분해<br>난백 중에 있으며, 용균작용 |
| 저장단백질 | casein<br>ovalbumin<br>gliadin | 유즙<br>난백<br>밀 |
| 수송단백질 | hemoglobin<br>myoglobin | 산소의 수송<br>산소의 수송, 저장 |
| 수축성 단백질 | myosin, actin | 근육의 수축 |
| 호르몬 | insulin | 포도당 대사 |
| 구조단백질 | collagen, elastin<br>fibroin | 결합조직<br>누에, 거미의 실 |
| 유해단백질 | trypsin inhibitor<br>avidin<br>sozin<br>ricin | 콩에 있으며, trypsin 저해<br>난백에 있으며, biotin과 결합<br>콩에 있으며 혈구응집성 독소<br>피마자에 있으며, 혈구응집성 독소 |

## 4. 단백질의 성질

### 1) 분자의 크기와 형태

단백질(protein)은 20여 종의 아미노산이 결합된 고분자화합물로서 다른 유기화합물에 비해 분자량이 커서 수만~수백만에 이른다. 단백질은 이와 같이 분자량이 대단히 크므로 수용액에서는 콜로이드(colloid)성 용액을 형성한다. 한편 그 크기는 10~70㎛ 정도이며 형태는 섬유상 단백질과 구상 단백질이 있다.

### 2) 용해성(solubility)

섬유상 단백질은 비교적 비수용성으로 산, 알칼리, 그리고 웬만한 열에는 별다른 영향을 받지 않는다. 그러나 구상단백질은 물에 녹아 콜로이드(colloid)용액을 형성한다.

### 3) 응고성

① **열응고** : 보통 60~70℃에서 응고하는데 젤라틴(gelatin) 등은 응고하지 않는다.

② **효소에 의한 응고** : 특수한 예로서 우유단백질인 카제인(casein)은 효소 레닌(rennin)에 의해 응고 한다.

③ **산에 의한 응고** : 염산, 황산, 질산을 가하면 응고하나, 진한 산에는 용해되는 경우가 많다.

## 5. 단백질의 변화

### 1) 단백질의 변성(denaturation)

단백질 변성(denaturation)이란 2차 구조의 변형을 의미하며 1차 구조는 그대로 유지하고 있는 상태이다. 즉, 단백질 분자의 형태는 바뀌지만 단백질을 구성하는 아미노산의 분자배열은 그대로 유지된다. 다양한 물리적, 화학적 수단을 동원하여 단백질을 변성시킬 수 있으며, 변성은 분자의 형태를 유지하는데 관여하는 교차결합을 제거함으로써 이루어진다. 변성은 대개 비가역적 반응으로, 즉 단백질 분자를 원래의 형태대로 되돌릴 수 없는 경우가 대부분이다. 단백질이 변성되면 성질도 바뀌어 진다. 용해도가 감소하고 점성이 증가하는데 펼쳐진 단백질 분자들이 서로 결합하여 덩어리를 형성하기 때문이다.

단백질 용액을 60~70℃로 가열하면 알부민(albumin)과 글로불린(globulin)은 응고하여 다시 용해되지 않는다. 결체조직 중의 불용성 단백질인 콜라겐(collagen)을 가열하면 뜨거운 물에 녹는 젤라틴(gelatin)으로 변하고 이것을 식히면 응고한다. 이와 같이 단백질이 변화를 받아 물리적, 화학적, 생물학적인 성질이 천연의 것과 다른 상태로 되는 현상을 변성(denaturation)이라고 한다. 단백질을 변성시키는 요인은 다음과 같은 것들이 있다.

### (1) 열

식품의 조리가공에 있어서 단백질의 변성을 일으키는 가장 기본적인 요인은 주로 가열이다. 일반적으로 가용성 단백질을 가열하면 변성되어 불용성으로 응고하게 된다. 예를 들어 달걀을 조리하면 흰자와 노른자에 들어있던 단백질이 응고한다. 흰자 단백질은 60℃에서 응고가 시작되며 노른자는 65℃ 부근에서 응고한다. 달걀 단백질이 응고하는 성질을 활용하여 달걀카스타드와 스펀지케잌 등 많은 종류의 식품이 만들어진다. 육류의 근육 섬유단백질도 가열시 응고하며 따라서 조리 시 수축현상이 나타난다.

변성된 단백질은 소화효소에 의한 분해가 수월하며, 따라서 대부분의 단백질 식품(달걀, 육류 등)은 조리하였을 때 소화가 잘된다.

### (2) 산

우유가 시어지는 것은 우유 속에 들어있던 박테리아가 유당을 발효시켜 젖산을 만들어내기 때문이다. 이때 pH가 저하되면서 우유단백질인 카제인(casein)이 변성되어 응고한다. 요구르트와 치즈 등의 제조는 이 원리를 이용한 것이다. 한편, 생선의 초절임은 산으로 단백실을 응고시켜 연한 살을 굳히는 것이다. 또 살이 너무 연한 생선을 삶을 때 식초를 조금 넣은 다음 물을 끓이는 것도 단백질을 변성시켜 살을 굳게 하기 위한 것이다.

(3) 염

소금 같은 염에 의하여 응고하는 단백질도 있다. 달걀을 삶을 때 물에 소금을 첨가하면 달걀껍질이 파손되더라도 흰자가 껍질 밖으로 많이 빠져나오지 못한다. 치즈를 제조할 때 소금을 첨가하는 것은 치즈 덩어리가 더욱 단단해지고 미생물의 성장을 억제하기 위한 것이다.

이외에도 동결, 건조 등 여러 가지의 요인들에 의한 변성이 있다.

단백질 식품들은 변성 현상을 이용한 경우가 많다. 예를 들면 삶은 계란(열변성), 콩으로부터 두부제조(염류의 작용), 동결두부의 제조(동결), 도살 후 고기의 숙성(효소의 작용), 우유로부터 요구르트의 제조(산의 작용), 치즈제조(효소, 염류의 작용), 생선건어물(건조), 초절임식품, 염장식품 등 모두 단백질의 변성을 이용한 것이다.

## 2) 자기소화(autodigestion)

생체가 죽은후 자신의 효소에 의해 자체 성분이 분해되는 현상으로 자가분해(autolysis)라고도 한다. 육류와 생선은 신선한 것에 비해 어느 정도 시간이 경과하면 자신이 가지고 있는 프로테아제(protease)에 의해 자기소화가 일어나 그 식품 중의 단백질이 펩티드, 아미노산 등으로 가수분해되어 수용성 질소화합물이 증가하므로 오히려 맛이 좋아지는데 이러한 변화를 숙성(aging)이라고도 한다.

근육조직의 결합이 강한 육류는 숙성으로 고기가 연해지고 보수성이 증대되고 조직감과 향미가 좋아진다. 그러나 어육(魚肉)은 자기소화로 고기가 연해지면 오히려 맛이 나빠지므로 사후 경직 중에 조리하는 것이 맛이 좋다.

온도가 높으면 연화에 관계하는 단백질의 분해가 빨리 진행되지만 미생물 번식의 우려가 있으므로 육류의 숙성은 저온에서 행하는 것이 좋다.

### 3) 부패

부패란 단백질 식품이 미생물의 분해작용을 받아 악취와 유해물질을 생성하는 것을 말한다. 단백질이 부패될 때 생성된 분해산물이, 아미노산이 탈탄산되어 프토마인(ptomaine)이라고 불리는 유독 아민(amine)을 생성하여 알레르기(allergy)성 식중독을 일으키게 된다. 부패가 일어나기 쉬운 조건, 즉 세균이 번식하기 쉬운 조건은 온도가 20~40℃이며 습도가 많은 여름철이다.

식품의 부패를 방지하기 위해서는 냉동, 냉장, 가열, 탈수, 훈연, 염장, 설탕조림 등의 가공방법을 사용한다.

## 6. 단백질의 질

단백질은 모든 영양소 중에서 가장 중요하며, 단백질이 없으면 생명활동을 유지하기 어렵다. 그러나 단백질의 종류에 따라서 질의 차이가 있다. 일반적으로 동물성 단백질이 식물성단백질보다 필수아미노산을 많이 함유하고 있기 때문에 질이 우수한 단백질 급원식품이다.

필수아미노산을 필요로 하는 만큼 모두 포함하지 못하는 단백질은 질이 떨어진다고 할 수 있다. 단백질의 질을 평가하는 한 방법으로 생물가(biological value : BV)가 있다. 생물가란 체내에 흡수된 단백질 가운데 체조직 합성에 사용된 단백질의 비율이다. 단백질의 양은 분석이 쉽지 않기 때문에 단백질의 구성원소인 질소의 양을 측정하여 생물가를 계산한다.

$$\text{생물가(BV)} = \frac{\text{체내에 보유된 질소(N)}}{\text{체내에 흡수된 질소(N)}} \times 100$$

생물가는 한 가지 식품 단백질만을 섭취한다고 가정하였을 때 이 식품 단백질의 질을 의미한다. 그러나 사람은 여러 종류의 단백질 식품을 한 끼에 섭취한다. 두 종류의 단백질 음식을 먹었을 때 대개는 식품 각각의 생물가를 평균한 수치보다 생물가가 높게 나타난다. 이것은 아미노산의 상호보충효과가 있기 때문이다.

단백질 식품을 섞어 먹음으로써 생물가를 향상시킬 수 있는 예로 아침식사용 시리얼(cereal)과 우유, 빵과 치즈, 우유와 쌀 등을 들 수 있다.

**표 7-3** 주요 식품의 생물가 : BV

| 식품 | B.V | 식품 | B.V |
|---|---|---|---|
| 달걀 | 94 | gluten | 43 |
| 쇠고기 | 67 | 땅콩 | 56 |
| casein | 68 | 쌀 | 75 |
| 생선 | 72 | 옥수수 | 60 |

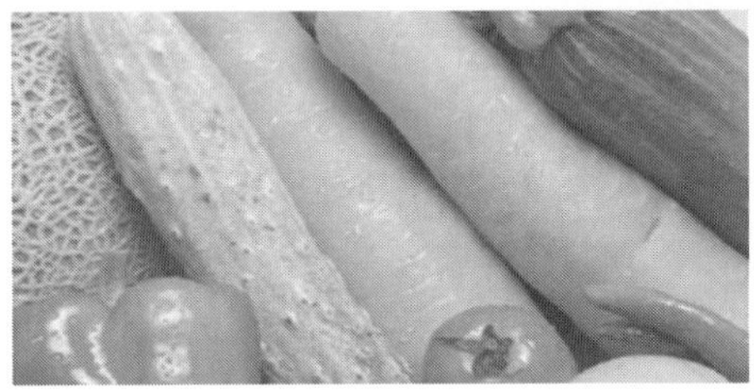

제 8 장

# 단백질식품과 조리

# 1. 두류(豆類)

우리나라의 식생활에 있어서 두류(豆類)는 단백질의 급원식품으로서 중요한 위치를 차지하고 있다. 우리나라에서 생산되는 두류로는 대두, 적두, 녹두, 땅콩, 강낭콩, 동부, 완두 등이 있다. 두류의 공통점은 곡류와는 달리 배유부가 없고 종실의 90%를 차지하고 있는 자엽(子葉)을 먹는다.

두류는 곡류보다 단백질의 함량이 약 2~5배나 함유되어 있어 영양적 가치는 육류와 비슷하게 평가된다.

## 1) 대두(soybean)

대두의 영양분은 주로 자엽에 함유되어 있으며 단백질과 지질의 함량이 높다. 대두의 종류에는 흰콩, 검정콩, 누런콩, 푸른콩이 있다.

- 흰 콩 : 메주 · 콩비지 · 떡고물(콩고물)
- 검정콩 : 콩자반
- 누런콩 : 밥에 혼식한다.
- 푸른콩 : 떡고물 등에 이용한다.

대두는 섬유소 및 펙틴질이 많아서 조직이 단단하므로 소화가 잘되지 않는다. 그러므로 소화되기 쉬우며 맛의 향상을 위하여 두부 · 유부 · 두유 · 간장 · 된장 · 청국장 · 비지 · 콩나물 등 다양한 용도로 가공하여 이용하고 있다.

### (1) 두유(soybean milk)

두유는 콩국이라 하여 여름철 음료 및 건강식으로 널리 이용되어온 식품이다. 두유는 콩을 냉수에 담가 충분히 불린 다음 삶아서 곱게 갈은 후 고형분을 분리시킨 액체이다.

두유는 우유에 비하여 입자의 크기가 작고 완전히 유화되어 있어서 원심분리해도

크림상으로 분리하기 어렵다.

### (2) 두부(soybean curd)

두부는 두유를 약 70℃ 정도의 온도로 만들어 염화마그네슘($MgCl_2$)이나 황산칼슘($CaSO_4$), 염화칼슘($CaCl_2$) 등 응고제를 첨가하여 응고시킨 것이다. 응고제의 양이 많거나 가열시간이 길면 두부의 질감이 딱딱해진다.

두부는 수분의 함량이 약 80~90%이고 단백질의 함량이 약 4~9% 되어 세균이 번식하기 쉬운 식품이다.

그러나 수온이 약 5℃ 전후에 보존을 하면 세균의 증식을 억제하여 비교적 장시간 보존할 수 있다.

**◆ 두부 맛있게 먹기**

- 찌개를 끓이는 경우 다른 재료를 모두 넣고 간을 한 후 두부는 맨 나중에 넣어 조리한다.
- 두부를 약 1%의 식염수를 이용하여 삶으면 부드럽다.

### (3) 간장·된장

간장은 된장이 되는 메주와 분리시킨 액체로 조리에 있어서 기본이 되는 조미료이며 염도는 보통 18~20% 정도이다.

재래식 제조법은 늦가을에 콩을 무르게 삶아 네모지게 메주를 빚어 따뜻한 곳에서 곰팡이를 충분히 띄워 말려두었다가 음력정월 이후 소금물에 담가 장을 담근다. 충분히 장맛이 우러나면 국물만 모아 간장으로 쓰고 건지는 모아 소금으로 간을 하여 된장으로 이용한다.

### (4) 콩장

대두로 콩장과 같은 조림을 할 때에는 적당한 경도를 유지하는 것이 좋다. 설탕,

간장 등의 조미료를 첨가한 물에 처음부터 콩을 넣고 끓이면 삼투압의 영향으로 흡수, 팽윤이 억제되고 가열해도 부드러워지지 않는다.

껍질에 주름이 생기는 것은 삼투압현상에 의한 껍질의 팽창과 콩내부의 수축 때문이다.

#### (5) 콩나물

대두를 물에 불려 배수공이 있는 시루 밑에 천을 깔고 담는다. 여기에 검은 천을 덮어 따뜻하고 어두운 곳에 두면서 물을 주어 발아시킨 것이 콩나물이다.

콩나물은 발아한 다음 약 6일이 경과하여 10cm 정도로 성장하였을 때 아스코르브산(ascorbic acid)의 함량이 가장 높아 식용에 적당하다.

### 2) 팥(small red bean)

팥은 적갈색인 것이 가장 많으나 회백색, 크림색, 갈색 등 여러 가지가 있다.

팥은 대두와는 달리 전 당질(glucoside)의 35% 가량이 전분이다. 지질 함량은 낮고 단백질도 대두에 비하여 적다.

팥에는 약 0.3%의 사포닌(saponin)이 함유되어 있기 때문에 과식을 하면 장을 자극하여 설사의 원인이 되기도 한다.

팥은 전분함량이 많기 때문에 떡의 소와 고물로 사용되며, 팥죽, 양갱 등에 이용하기도 한다. 붉은 팥은 거피가 잘 안되므로 삶은 후 걸러서 껍질을 제거한 후 이용한다.

### 3) 녹두(mung bean)

녹두는 주로 동양에서 생산되는 두류이다. 대부분이 전분이므로 삶아 걸러서 죽을 끓이거나 떡고물로 만들어 먹는다. 청포묵을 만들어 먹기도 하는데 그 맛과 질감이 우수하다.

콩나물과 같이 싹을 길러 숙주나물로 만들어 먹기도 한다.

### 4) 완두(peas)

열매는 둥글고 색은 녹색이 많으나 백색, 황색, 회색, 갈색 등 다양하다. 완두도 팥, 강낭콩과 같이 밥에 섞어 먹거나 떡, 과자에 이용되기도 한다.

### 5) 강낭콩(kidney bean)

강낭콩에는 덩굴이 뻗는 것과 그렇지 않은 것이 있다. 열매는 구형, 장원형, 신장형 등이 있고 종피의 색은 흰색, 갈색, 적자색 등이 있다. 콩알의 크기는 대두보다 크다.

강낭콩은 쌀에 섞어 밥을 짓거나, 떡소, 고물, 양갱 등의 원료로 이용한다.

### 6) 땅콩(peanut)

두류 중 유일하게 땅속에서 성장하기 때문에 땅콩이라고 부른다.

식용유, 버터, 마가린 제조의 원료가 되며 볶아서 식용으로 하거나 제과용으로 많이 사용한다.

## 2. 육류

육류는 포유동물의 가식 부위를 말하며 동물성 단백질의 주요 급원식품이다.

우리나라에서는 주로 소(cow), 돼지(pig), 토끼(rabbit) 등을 식용으로 하고 있다. 이러한 육류는 국가와 민족, 종교, 식습관 등에 따라 기호가 각기 다르다.

육류는 동물의 종류, 연령, 신체 부위 등에 따라 단백질과 지방 등의 함량, 지방의 분포상태 등의 차이가 나타나며 이들은 육질, 육류의 색, 맛 등에 영향을 미친다.

현재에 우리나라에서 식용으로 이용되고 있는 고기를 크게 분류하면 다음과 같다.

① 수류(獸類, animal)
- 가축류(lives stock) … 소, 돼지, 말, 양, 염소, 토끼
- 야수류(wild animal) … 멧돼지, 산토끼, 사슴

② 조류(鳥類, bird)
- 가금류(poultry) … 닭, 오리, 거위, 칠면조
- 야조류(wild bird) … 꿩, 기러기, 참새, 산새

## 1) 육류의 조직

우리가 먹을 수 있는 육류는 근육조직(muscle tissue), 결체조직(connective tissue), 지방조직(adipose tissue), 골격(bone) 등으로 구성되어 있다.

### (1) 근육조직(muscle tissue)

우리가 먹는 육류는 대부분이 근육조직이고 결체조직과 지방조직이 근육조직 사이에 조금씩 끼어 있다.

동물의 근육에는 횡문근, 평활근, 심근 등 세 종류가 있다.

- 횡문근(橫紋筋) : 신체를 움직이는 근육으로 모두 골격에 부착되어 있다.
- 평활근(平滑筋) : 모든 내장기관을 구성하고 있는 근육
- 심근(心筋) : 심장을 구성하고 있는 근육

이 중 우리가 '고기'라고 부르는 근육이 횡문근이다. 횡문근은 동물 신체의 30~40% 정도를 차지하고 있다.

횡문근은 긴 근육세포인 근섬유(muscle fiber)로 구성되어 있는데 여러 개의 근섬유가 한데 모여 얇은 결합조직인 근섬유막에 의하여 둘러싸여 있고, 여러 개의 이들 근섬유다발(약 50~150개)이 모여서 근속(bundle of muscle fiber)을 이루며, 이것은 약간 두꺼운 근속막에 의하여 둘러 싸여 있다. 이 근속막의 덩어리가 여러 개 모여 두꺼운 결합조직인 근육막에 둘러싸여 하나의 큰 근육을 형성한다.

근섬유 내에는 근장(sarcoplas)이라고 하는 점도가 높은 액체가 존재하며, 근장에는 무기질, 비타민, 미오글로빈(myoglobin), 효소단백질 등이 용해되어 있다.

근속의 크기가 큰 것은 고기의 질감이 거칠고 질기며 작은 것은 부드럽고 연하다.

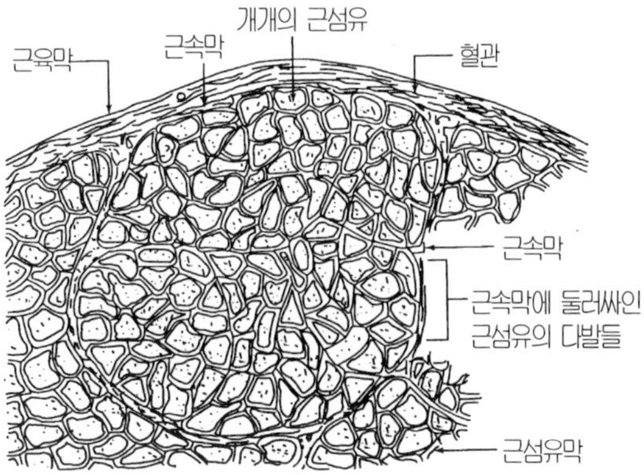


**그림 8-1 근육조직**

(2) **결체조직**(connective tissue)

결체조직은 동물의 신체에서 몇 가지 역할을 한다.

· 근속과 근속을 연결시키는 역할을 한다.

· 근육을 골격에 연결시킨다.

· 뼈와 뼈를 연결시키는 인대(ligament)를 이룬다.

결체조직은 근육 간에 널리 분포되어 있으며 주요 단백질로는 백색의 콜라겐(collagen)과 황색의 엘라스틴(elastin) 두 종류가 있다.

이 중 조리와 가장 관계가 깊은 단백질은 콜라겐인데, 콜라겐은 65~75℃로 가열했을 때 길이가 1/3 정도로 수축되지만, 80℃에서는 수용성인 젤라틴(gelatin)으로 분해된다.

콜라겐이 일단 수축하면 근육섬유 단백질 표면에 흡착되어 있는 수분을 밀어내므로 고기는 단단해지나 80℃ 이상의 온도로 가열하여 콜라겐이 젤라틴으로 용해되면 근육섬유를 한 가닥씩 풀어주므로 고기는 연해진다.

가열에 의하여 콜라겐이 물속에서 젤라틴으로 변하면 물에 흩어져 액체 상태로 된다. 이 액체가 냉각하면 굳는데 그것은 젤라틴 졸(sol)이 젤라틴 겔(gel)로 변하기 때문이다. 굳은 젤라틴 겔(gel)은 가열하면 다시 졸(sol)로 되돌아온다.

엘라스틴(elastin)은 산, 알칼리, 열에 의하여 분해되지 않고 물을 넣고 가열하여도 젤라틴화 되지 않는다. 엘라스틴은 암컷보다 수컷에 많고 또 노화됨에 따라 증가한다. 그러나 근육조직에는 엘라스틴이 소량 함유되어 있으므로 조리에 크게 영향을 주지는 않는다.

고기의 질기고 연함은 결체조직의 함유량에 따라 다르다. 닭고기와 돼지고기는 결체조직이 쇠고기보다 적기 때문에 연한 것이다.

#### (3) 지방조직(adipose tissue)

지방조직은 근육과 결체조직 중에 존재하며, 특히 피하나 내장 주위에 층을 이르며 축적되어 있다. 세포에 지방이 크게 침착되어 있는 것을 지방조직이라 하며 근육내에는 백색의 작은 반점 같은 형태로 존재한다.

특히 근육 내에 미세한 지방조직이 고르게 분포된 상태를 마블링(marbling)이라 하며, 마블링이 잘 이루어진 고기를 상강육(霜降肉, marbled meat)이라 한다.

마블링이 잘된 고기는 연하며, 감촉, 풍미 등이 우수하여 맛있는 고기로 분류되며, 조리할 때는 불고기, 스테이크, 로스구이 등 건열조리법을 주로 이용한다.

지방조직은 동물이 어릴 때는 백색을 나타내다가 나이가 들면 노란색을 나타내는데, 이는 지용성인 카로티노이드(carotinoid)계 색소가 축적되기 때문이다.

### 2) 육류의 색

도살된 고기에는 혈색소인 헤모글로빈(hemoglobin)이 소량 남아있기는 하나 주된 색소는 미오글로빈(myoglobin)이다.

미오글로빈은 헤모글로빈이 운반해온 산소를 받아 옥시미오글로빈(oxymyoglobin)이 되었다가 포도당이 연소할 때 산소를 필요로 하면 넘겨주고 다시 미오글로빈으로 되돌아간다.

미오글로빈은 적자색인데 비해 옥시미오글로빈은 선명한 적색이다. 도살된 동물의 근육에는 산소가 거의 없으므로 숙성되지 않은 고기는 검붉은 색이다.

경직이 풀린 고기를 등분하여 냉장실에 달아놓아 고기의 표면을 공기에 노출시키면 산소가 고기의 내부로 침투해 들어가 미오글로빈과 결합하여 선명한 붉은 색의 옥시미오글로빈이 된다. 고기가 완전히 숙성될 때쯤이면 고기의 색이 중심부까지 선명한 붉은색으로 변한다. 그러므로 고기의 색으로 숙성 정도를 판단할 수 있다.

비닐 포장한 같은 고기를 장기간 저장하면 적갈색으로 변하는데 이것은 숙성과정에서 산소 공급이 부족하여 미오글로빈 색소가 산화되어 적갈색의 메트미오글로빈(metmyoglobin)으로 변했기 때문이다. 또한 근육 내에 존재하는 미오글로빈의 함량에 따라 고기의 색이 달라지는데 말고기의 경우 미오글로빈의 색소가 가장 많으므로 가장 붉고, 그 다음이 쇠고기이며, 미오글로빈의 함량이 낮은 돼지고기의 경우는 색이 가장 엷게 나타난다.

### 3) 육류의 사후경직과 숙성

#### (1) 사후경직(rigor mortis)

고기가 판매되기 위해서는 도살, 숙성 등 몇 가지 과정을 거쳐야 한다. 동물을 도살한 직후에는 근육이 부드러운 상태이나 시간이 경과하면 근육이 단단하게 경직되고 다시 일정 시간이 경과하면 경직이 풀려 연화된다. 이러한 과정은 호흡을 통한 산소공급이 중지되고 혈액순환이 멈추게 되어 혐기적 해당 작용의 진행으로 체내에 축적된 글리코겐(glycogen)량이 감소하면서 근육 내에 젖산이 축적되기 때문이다.

근육 내에 젖산이 축적되어 pH가 6.5 이하로 되면 미오신(myosin)과 결합한 ATP (adenosine triphosphate)는 산성에서 활성화되는 인산효소의 작용을 받아서 미오신과 ADP(adenosine diphosphate)로 분해되며 이때 분리된 미오신은 액틴(actin)과 결합하여 액토미오신(actomyosin)을 생성한다. 액토미오신은 신장성이 적고 망상구조를 지니며 매우 단단한 것으로, 육류에서 액토미오신이 생성된 상태를 사후경직이라 부른다.

사후경직 중의 육류는 체내 단백질의 양과 보수성도 최저가 되므로, 가열조리를 하여도 연해지지 않으며 가공 식품의 재료로도 부적당하다. 그러므로 육류는 숙성한 후에 조리를 하여야 한다.

사후경직에 도달하는 시기와 기간은 동물의 종류, 도살방법 등에 따라 다른데 몸집이 큰 동물의 근육일수록 서서히 일어나고 그 경직기간도 길다. 쇠고기의 경우에는 사후경직의 시작과 최대경직시기는 12~24시간이며 그 후 48시간까지 경직이 지속된다. 돼지의 경우는 2~3일이며, 닭은 6~12시간이다.

### (2) 숙성(aging)

사후경직이 어느 정도 지속되어 최대 경직을 지나치면 체내에 존재하는 단백질 분해효소에 의하여 자기소화(autolysis)가 일어나게 된다.

즉 근육에 존재하는 카텝신(cathepsin)이라는 단백질분해효소에 의해 고분자인 단백질이 저분자인 펩타이드(peptide)나 아미노산(amino acid)으로 분해되며 액틴(actin)과 미오신(myosin) 사이에 존재하던 결합이 파괴되어 고기의 조직이 부드럽고 연해지는 과정을 숙성이라고 한다.

숙성은 효소에 의한 단백질 분해반응에 의해 나타나는 것으로 온도가 높아지면 숙성이 빠르게 일어나나 미생물의 번식이 우려되므로 10℃ 이하의 저온에서 숙성하는 것이 좋다. 숙성기간은 쇠고기의 경우 4~7℃에서 7~10일, 2℃에서는 약 2 주일 정도 걸린다. 이러한 숙성과정을 거친 육류는 수용성질소화합물, 유리아미노산 등의 증가로 인하여 맛과 풍미가 향상된다.

내장류는 일반 근육과 같은 경직을 보이지 않지만 효소의 작용이 활발하기 때문에 빨리 상하므로 선도가 높을 때 이용하도록 한다.

## 4) 육류의 연화

육류를 부드럽게 조리하기 위해서는 물리적인 방법과 화학적인 방법 등을 활용할 수 있다.

### (1) 물리적인 방법

- 근섬유의 결과 반대가 되도록 썰어준다.
- 다지거나 곱게 갈아서 근섬유나 결체조직을 파괴시킨다.

### (2) 화학적 방법

- 간장·소금 첨가 : 근섬유의 단백질이 염에 의해 용해되기 때문에 단백질의 수화력을 향상시킬 수 있다.
  식염의 양이 많으면 탈수로 인하여 고기가 질겨진다.
- 설탕 첨가 : 단백질의 열응고 온도를 상승시켜 고기를 연화시킨다.
- 꿀 첨가 : 꿀에 함유된 과당의 보수성으로 고기가 수화되어 연해진다.
- 단백질분해효소 첨가 : 배즙, 생강의 프로테아제(protease), 파인애플의 브로멜린(bromelin) 등의 단백질분해효소는 고기를 연화시킨다.
- 냉동 : 고기를 얼리면 세포의 수분이 단백질보다 먼저 얼어서 용적이 팽창하여 세포가 파괴되므로 고기가 연해진다.

## 5) 육류의 조리

① 육류의 조리방법은 부위에 따라 적절히 선택하는 것이 바람직하며, 건열조리와 습열조리로 크게 구분할 수 있다.
건열조리란 불고기나 스테이크, 로스트처럼 물을 사용하지 않고 직접 또는 간접적으로 열을 가하여 조리하는 방법이다. 이 조리방법은 연한 부위의 고기가 적당하다.
습열조리란 곰국, 설렁탕, 스튜처럼 물을 사용하여 고기를 익히는 조리방법이다. 습열조리시에는 결체조직인 콜라겐이 젤라틴으로 변화되어 연화되므로 질긴 부위의 고기가 적당하다.

② 쇠고기의 연한 부위, 즉 스테이크 등의 조리 시 단계별 온도는 다음과 같다.육류의 내부온도를 잴 때는 육류용 온도계를 사용하여 반드시 근육조직 부분에 꽂아서 측정하는 것이 좋다.

- 덜 익은 단계(rare) … 고기의 내부온도 60℃
- 반 정도 익은 단계(medium) … 고기의 내부온도 71℃
- 완전히 익은 단계(well done) … 고기의 내부온도 77℃

③ 돼지고기의 살은 선모충(*Trichinella sprialis*)이라는 기생충에 감염되어 있는 일이 많다. 이 기생충은 돼지의 근육에 파묻혀 있으며 눈으로 보이지 않는다. 이 기생충의 치사온도는 58.3℃이므로 고기의 내부 온도를 적어도 65℃ 이상으로 조리하도록 하는 것이 바람직하다.

## 6) 쇠고기 부위별 특징과 조리

### (1) 부위별 명칭

소는 크게 갈비, 등심, 안심, 채끝, 목심, 앞다리, 우둔, 설도, 양지, 사태로 나뉘며, 각 부위별 소분할을 해보면 총 29개 부위로 나눠진다.

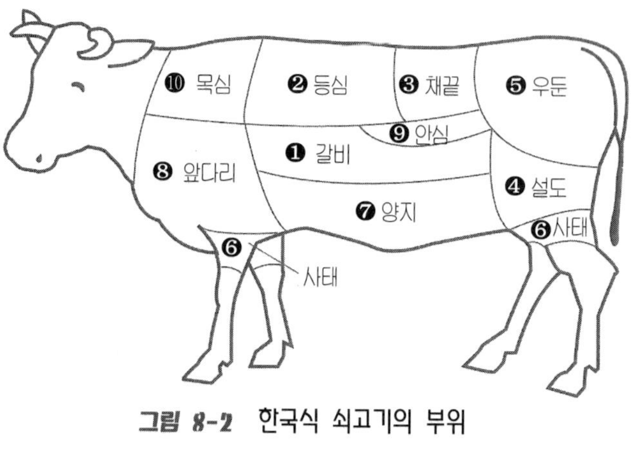


**그림 8-2** 한국식 쇠고기의 부위

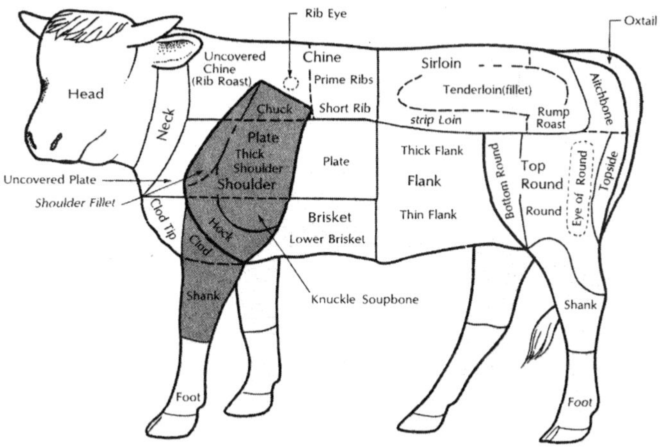


그림 8-3 미국식 쇠고기의 부위

(2) 부위별 특징

표 8-1 한국식 소의 부위별 특징과 용도

| 부위 | 특 징 | 용 도 | 비율(%) | 미국식 명칭 | 조리용도 |
|---|---|---|---|---|---|
| 등심(꽃등심, 살치살) | 살이 두껍고 얼룩지방이 있으며 질이 좋다. | 전골, 불고기, 구이, 찜 | 11.8 | sirloin | roast, steak, barbecue, sukiyaki, broil |
| 안심 | 최상급의 부위로 연하며 적당히 지방이 있다. | 구이, 전골, 산적 | 3.5 | tenderloin | steak, roast, barbecue |
| 채끝살 | 부드러운 살코기 | 로스편채, 구이 | 6.2 | striploi, shortloin | roast, steak, barbecue |
| 우둔육(대접살, 홍두깨, 사태, 뭉치살) | 우둔육은 대접살, 홍두깨, 사태, 뭉치살 등을 분리하지 않은 전체육을 말한다(뭉치살은 우둔과 사태 사이의 부위). | 대접살:산적, 구이, 육회, 육포, 홍두깨:장조림 사태:탕, 찜, 조림 뭉치살:아롱사태찜, 구이 | 9.3 | round | steak, roast braise, barbecue, |

| 부위 | 특 징 | 용 도 | 비율(%) | 미국식 명칭 | 조리용도 |
|---|---|---|---|---|---|
| 설도 | 설도는 설깃, 도가니살 등을 분리하지 않은 것을 말한다. | 설깃 : 냉면육<br>도가니살:산적, 샤브샤브,도가니:탕 | 14 | rump | roast,<br>braise, stew,<br>soup stock |
| 양지머리 | 소의 가슴과 배 부위의 살로서 고기와 지방이 층이 되어 지방이 많으나 육질이 질기다.<br>차돌양지는 구이용으로 치마살 양지는 국거리로 사용한다. | 국거리, 탕, 편육, 구이 | 14 | brisket,<br>plate,<br>flank | stew, soup stock,<br>Hors-d'oeuvre,<br>skirt steak |
| 앞다리 | 앞다리 중 꾸리살, 서대살, 사태 등을 분리하지 않은 전체를 전각이라 말한다.<br>(꾸리살은 전각의 부채뼈 사이 부분이고 서대는 전각의 부채뼈를 골발한 부위의 부분육이다) | 전각 : 불고기, 탕<br>사태 : 찜, 탕, 조림<br>꾸리살 : 육회, 샤브샤브,<br>로스편채<br>서대살 : 로스구이 | 10.2 | chuck<br>tender<br>(꾸리살) | roast, broil<br>braise, stew, |
| 사태살 | 사골을 감싸고 있는 근육질의 다리살 | 사태찜, 수육,<br>탕, 조림 | 6.8 | fore,<br>hind shank | hamburger,<br>soup stock |
| 갈비 | 한쪽에 13개의 갈비뼈가 있으며 제일 아래에서 6대까지 사용하면 육질이 부드럽고 뼈가 가늘다. | 찜, 탕, 구이 | | rib | roast, braise, stew,<br>rib steak, barbecue,<br>broil. |
| 장정육(목심) | 목살부위로 육질은 질기며 결합조직이 많고 지방이 적다. | 조림, 편육, 디진고기 | | chuck | braise, stew, meat ball, soup stock,<br>hamburger |

① 갈비

옆구리 늑골을 감싸고 있는 부위. 늑골(갈비뼈)은 총 13대이며, 갈비, 갈비마구리, 안창살, 토시살, 제비추리로 구성돼 있다.

- **갈비** : 중앙부분인 갈비뼈 5~7번째 늑간근 주변은 지방교잡에 의한 형태도 좋을 뿐만 아니라 풍미도 좋기 때문에 구이용으로 최적이다. 또한 뒷부분은 앞부분과 마찬가지로 섬유질과 근막이 많고 고기 결도 거칠기 때문에 육질은 사

태나 목살에 이어 단단하지만 지방교잡이 들어가기 쉬운 부분이기 때문에 농후한 맛을 낸다. 갈비 앞부분은 뒷부분보다 고기 두께가 있기 때문에 구이 및 찜 등에 이용한다.

- **안창살** : 갈비뼈 7번과 13번 사이 안쪽에 붙어 있는 두꺼운 횡경막 부위. 뒷부분에 자리 잡고 있어 약간 질기긴 해도 식감과 육즙 맛이 좋다. 안창살이라는 명칭은 창문 안쪽에 있는 커튼 윗부분의 주름살처럼 생겼다 해서 붙여진 이름이다. 소 한 마리당 2쪽이 나오며 무게는 1.2~1.8kg 정도다. 마블링 상태가 좋아 구이용으로 적합하다.
- **갈비 마구리** : 등뼈와 갈비, 갈비와 양지 사이 가장자리에 있는 부위. 등쪽 부위 등심을 떠낸 등쪽 마구리와 아래부위 양지를 떼어낸 배쪽 마구리로 나뉜다. 살코기가 적고 뼈가 많아 탕용으로 사용하기도 하지만, 일부는 구이용으로도 사용한다.
- **토시살(간받이살)** : 토시라는 말은 작업할 때 손에 끼는 토시와 같이 생겼다 해서 붙여진 이름이며, 300~400g 정도밖에 추출되지 않는다. 갈비와 내장을 잇는 안심살 옆에 폭 7cm, 길이 약 25cm 정도의 T자 모양 형태를 하고 있다. 안창살과 같이 부드러운 부위로 쇠고기의 가장 원초적인 맛이 난다. 간을 받치고 있다 해서 '간받이살'이라고도 하며 구이용으로 많이 쓰인다. 2분도체인 소에서 유일하게 한 개밖에 나오지 않는다.
- **제비추리** : 제비추리라는 말은 제비가 날개를 편 것 같이 날씬하고 긴 모양이라고 해서 붙여진 이름이다. 비 운동근 부위로 근육 결이 섬세하고 부드럽다. 목뼈에서 갈비 등쪽 마구리 안쪽에서 목뼈 부분과 접합되는 부분에서 채취할 수 있다. 길이 30~40cm, 무게는 약 400~700g 밖에 나오지 않는다. 구이용으로 많이 쓰인다.

② 등심

어깨 위쪽에 있으며, 등 부위(흉부)등뼈를 중심으로 형성되어 있다. 등뼈를 제거하면 두덩어리의 등심으로 나눠진다. 비육이 잘 된 소의 등심은 고기 속에 대리석상 지방이 박혀 있어 풍미가 좋다. 표피 쪽은 지방층과 비교적 두터운 피막이 있고 안쪽은 등뼈를 제거한 자국이 선명하다.

- **윗등심** : 등심 15cm 머리 부분에 해당되며, 결체조직이 많아 질기지만 육즙 맛이 뛰어나다. 불고기, 구이, 탕용 등으로 쓰인다.
- **가운데등심** : 등심 중 가장 으뜸인 꽃등심이라고도 한다. 윗등심과 아래등심 가운데를 중심으로 양쪽으로 약 10cm씩 차지하는 부위. 결이 가늘고 풍미가 좋으며 무척 부드럽다. 마블링이 좋아 보기에도 좋다. 소 한 마리에서 8~10kg 정도 나온다.
- **아래등심** : 등심 아래쪽(채끝쪽) 20cm 정도 위까지 부위를 말한다. 써로인스테이크(sirloin steak), 구이, 육회, 불고기용 등으로 쓰인다.
- **살치살** : 갈비 머리 부분 갈비살과 어깨등심 사이에 붙어 있는 살코기로서 등심살로 분류된다. 윗등심에서 채취하며 소 한 마리에서 약 4~5kg 정도 나온다. 마블링 상태가 우수하고, 조직감과 육즙감이 좋다. 구이용으로 쓰인다.
- **떡심(쇠심/우근)** : 등심 안쪽과 바깥쪽 부분으로 샌드위치 속처럼 등심 겉살 가운데 붙어있다. 노리끼리한 색으로 완전 교질로 되어 있어 질기다.

③ 채끝

안심과 함께 소의 가장 연하고 가치와 수요가 큰 부분. 단일 근육이며 등심과 비슷한 모양으로 치맛살을 포함한다. 고기 결이 곱고 비육이 잘 된 소의 채끝은 고기 속에 대리석상 지방이 박힌 것도 있다. 등뼈 끝부분에 요추에서 바깥쪽으로 형성된 부위로 육질이 적당히 발달해 고기 조직이 굵고 왕성하다. 마블링 상태가 대체로 우수하며 구이, 육회, 스테이크용으로 적합하다.

④ 설도

보섭살, 설깃살, 도가니살로 구성돼 있다. 고기질은 우둔과 비슷하며 각 부위별 육질차가 크다.

- **설깃살** : 소 뒷다리 바깥쪽 엉덩이 부분에 자리 잡고 있는 부위. 설도 상에서 대접살을 떼어낸 것으로 근막을 남기고 나머지 지방을 제거해 사용한다. 설도 부위 중 운동을 가장 많이 하는 부위로 근육 결이 거칠고 단단하다. 결조직은 빗살형으로 되어 있으며 설깃살 아래쪽 끝 부위 1/3 정도는 연하고 마블링이 잘 돼 있다. 스테이크, 장조림, 산적, 편육, 불고기, 육포용으로 쓰인다.
- **도가니살** : 뒷다리 부분 대퇴 끝을 감싸고 있는 부위. 뒷다리 바깥쪽에 둥근 형태로 형성돼 있다. 육질이 단단하며, 지방이 적고 단백질이 많은 살코기다. 구이, 국거리, 산적, 육회용으로 쓰인다.
- **도가니** : 소 한 마리에서 딱 2개 나온다. 소의 무릎과 발목의 연골 주변을 감싸고 있는 특수한 부위. 탕용으로 주로 쓰인다.
- **삼각살(도가니 토시살)** : 중치살에 이어지는 삼각형 모양의 근육으로 살코기의 색깔이 짙다. 부드럽고 맛이 좋으며 구이, 불고기, 전골용으로 쓰인다.
- **보섭살** : 도가니살 윗부분에 있는 부위로 채끝에 이어지는 허리아래 뒷다리살을 일컫는다. 운동신경이 발달되어 있지 않고 근막조직이 소량으로 형성돼 있다. 이 근막조직을 제거하면 뒷다리 부분에서 가장 연하고 부드러우며, 풍미가 뛰어나다. 육회, 불고기, 스테이크용 등으로 쓰인다.

⑤ 우둔

- **우둔살** : 피하지방이 약간 있는 것을 제외하면 지방이 거의 없는 살코기 부분. 둥근 모양의 살덩이로 고기 결이 약간 굵은 편이나 근육막이 적어 연한 편이다. 덮개형식으로 덩어리 고기를 감싸고 있는 겉면을 분리시키면, 속은 일정하고 가는 결 조직을 이룬 순 살덩이로 돼 있다. 구이용부터 국거리용까지 이용 범위가 넓다.
- **홍두깨살** : 소의 넓적다리 안쪽에서 엉덩이 바깥쪽으로 이어지는 부위를 말한다. 우둔 옆면에 길게 붙어 있으며, 원통모양으로 생겼다. 결이 거칠고 단단한 편으로 형태가 좋아 상품화하기가 쉽나. 보통 육회나 장조림, 육포용으로 쓰인다.

⑥ 사태

앞사태, 뒷사태, 아롱사태, 뭉치사태로 구성돼 있으며 고기 결이 곱고, 풍미가 좋다. 랩으로 말아 일정크기로 썰어서 상품화하면 지방과 살코기가 꽃잎모양으로 펼쳐져 보기 좋다. 장딴지부분으로 운동량이 많아 단단하며 지방이 적어 국물을 내는데 최적이다.

- **아롱사태** : 뒷다리 아킬레스건에 연결된 단일근육이다. 육색이 짙고 근육 결이 단단하며 육회나 구이용으로 쓰인다. 사태 부위 중 가장 큰 근육으로 육회용으로 최적이다. 아롱사태라는 명칭은 사태부위를 가로로 잘랐을 때 근육 사이에서 아롱아롱하게 보인다고 해서 붙여졌다.
- **앞사태, 뒷사태, 뭉치사태** : 운동량이 많아 육색이 짙으며 근육 결이 단단하다. 또한 근막이 많고 섬유질 방향이 일정하여 장시간 열을 가해 조리하는 장조림, 찜, 국거리, 편육 등으로 사용하기 적합하다. 앞사태는 뒷사태보다 조금 작으며, 뭉치사태는 뒷사태에 포함되어 있다. 뭉치사태는 덩어리 모양으로 뭉쳐있다 해서 붙여진 명칭이다.

⑦ 양지

앞가슴(갈비 마구리쪽)과 갈비 끝부분에서부터 배아리 부위를 감싸고 있는 부위이다. 양지머리, 돼지 삼겹살과 마찬가지로 지방과 적육이 겹겹이 층을 이루고 있는 특징이 있다. 육질이 겉면과 속면이 과다한 조직과 근막, 지방층이 두껍게 형성돼 있다. 양지 윗부분은 질긴 편이나 근막이 별로 없다.

- **차돌박이** : 양지머리뼈의 복판에 붙은 희고 단단한 기름진 고기로 일명 '하얀고기'라고도 한다. 지방이 많아 보이지만 단백질의 변성으로 희게 보이는 것이다. 구이용으로 담백함과 고소한 맛을 느낄 수 있으며, 상품제조 시 긴머리양지를 길게 붙여 생산하기도 한다.
- **업진육(양지허리살)** : 업진육은 양지 뒤쪽 부위로 긴머리 양지나 양지면에 비해 얇은 특징이 있다. 근육 결이 굵은 편으로 지방과 살코기가 교차하고 있어

풍미가 좋다. 구이, 탕, 수육용으로 쓰인다.

- **치맛살** : 채끝아래 복부를 이루는 부위.치마처럼 외복부를 덮고 있어 붙여진 이름으로 채끝을 받치고 있다고 해서 '채받이'라고도 부른다. 갈비덧살, 구이용으로 쓰인다.
- **양지머리, 치마양지** : 양지머리는 소의 가슴에 붙은 뼈와 살로 대부분 탕용으로 쓰인다. 마블링이 대체로 좋은 치마양지는 구이로도 쓰이며 스튜, 찜, 육개장으로 적합하다.

⑧ 앞다리

앞다리 부위 분할과 골발 시 생산되는 앞다리 부위는 견갑골과 앞다리살에 있는 주변의 건을 비롯해 표면지방, 일부 두꺼운 근막을 제거 정형한 것이다. 꾸리살, 갈비덧살, 부채살, 앞다리살을 포함한다. 고기의 결이 곱고 힘줄이나 막이 많이 있어 부분적으로 약간 질긴 곳도 있다. 전체적으로 운동근이 많이 뭉쳐있고, 육색이 짙다. 육질이 연한 부위와 단단한 부위가 교차하며, 근육의 결방향이 다양하다. 근육 결에 따라 소분할해서 상품화한다.

꾸리살은 '꾸러미'에서 유래된 말로 육회에 사용되며, 갈비덧살과 앞다리살은 불고기로 사용된다. 부채살은 구이용으로도 쓰인다.

⑨ 안심

허리뼈 안쪽에 있는 근육 부위로 소의 비육 중 가장 늦게 성장하는 부위다. 운동을 거의 하지 않아, 쇠고기 부위 중 가장 연하며 변색이 빠르다. 겉면에 포화지방과 얇은 근막이 붙어 있는데 이를 제거하고 사용된다. 고기가 부드럽기는하나 육즙맛이 떨어지고, 싱거운 맛이 나서 스테이크용으로 적합하다.

⑩ 목심

목심은 윗등심과 소 복부위에 형성된 부위. 자주 운동하는 부위이기 때문에 근육이 단단하고, 고기결이 곱고 질기다. 목뼈를 제거하는 과정에서 칼자국이 많이 생기기는 하나 살코기 부분이 많기 때문에 국거리나 다짐육 재료로 좋나.

### (3) 미국의 쇠고기 분류기준

① Prime(최상급) : 고급 호텔이나 전문 식당에서 주로 사용하며, 총 생산량의 4% 미만이다. 육질은 연한 그물 조직이며, 단단한 우윳빛의 두꺼운 지방으로 쌓여있으므로 숙성시키기에 적합하다.

② Choice(상등급) : 최상급보다 마블링이 적으나 육질은 연한 그물 조직이며 맛과 육즙이 풍부하다.

③ Good(상급) : 지방의 함량이 적기 때문에 요리하면 덜 수축된다.

④ Standard(표준급) : 살코기의 비율이 높고, 지방의 함량이 적으며 위의 등급보다 맛이 떨어진다.

⑤ Commercial(판매급) : 성우육(成牛肉)으로 맛은 풍부하지만 질기기 때문에 연해지도록 천천히 요리하여야 한다.

⑥ Utility(보통급), Cutter(분쇄급), Canner(통조림급) : 위의 등급보다 맛과 향은 떨어지지만 경제적으로 유리하기 때문에 제조가공하거나 기계에 갈아서 사용하기에 적합하다.

## 7) 돼지고기 부위별 특징과 조리

돼지고기는 쇠고기에 비하여 결체조직(connective tissue)이 적어 고기가 연하고 소화가 잘된다. 조직이 유연하고 지방축적이 많으며 피하와 신장 주변에 지방층이 두텁게 형성되어 있다. 돼지고기의 수분함량은 55~70%로 쇠고기의 수분함량보다 약간 적다.

안심이나 등심의 단백질 함량이 삼겹살에 비해 많으므로 외국에서는 안심, 등심이 선호도가 높으나, 우리나라에서는 지방함량이 많은 삼겹살을 선호하므로 영양면이나 경제면 모두에서 개선해야 할 식생활 문제이다.

### (1) 돼지고기의 부위

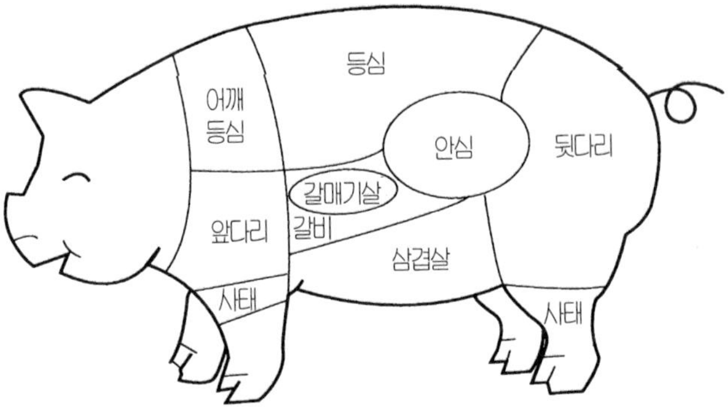


**그림 8-4** 돼지고기의 부위

### (2) 부위별 특징과 조리

▸ **어깨등심(shoulder)** : 목살, 목등심 등 여러 가지 형으로 불리며, 운동을 많이 한 부위여서 고기결은 다소 질기고 붉은 빛을 띤다.
스테이크, 로스, 수육, 찌개, 불고기 등 모든 요리에 적합하다.

▸ **등심(loin)** : 갈비 위쪽에 붙은 살로, 근육은 그물모양의 지방으로 싸여 있다. 안심과 더불어 지방이 적고 부드럽다.
포크커틀릿, 탕수육, 잡채

▸ **안심(fillet)** : 등심 안쪽의 연한 고기로, 지방이나 섬유가 적어 고기결이 부드럽고 담백하다. 선진국에서 가장 인기 있는 부위이다.
탕수육, 동그랑땡, 잡채, 돈가스, 장조림

▸ **사태(shank)** : 다리 윗부분으로 결체조직이 많아 쫄깃쫄깃하며 기름기가 없어 담백하면서도 깊은 맛이 난다.
수육, 장조림

▸ **갈비(rib)** : 총 14대의 갈비뼈를 가지는데 골발과정에서 6대를 떼어내는 것이

적당하다. 살코기는 지방층이 두껍고 연하며 가장 맛이 좋다.
LA갈비구이, 찜갈비, 구이

▸ **삼겹살(belly)** : 뱃살부위로 살코기와 지방층이 세겹으로 되어있고 맛이 좋다.
구이, 편육, 베이컨

▸ **갈매기살** : 돼지 한 마리에 300~400g 생산되는 띠모양의 부위로 갈비의 안쪽에 달려있다.
주물럭, 로스구이

▸ **앞다리** : 앞다리부분으로 지방이 적당히 함유되어 있다.
스테이크, 불고기, 찌개

▸ **뒷다리** : 뒷다리부분으로 지방이 적고 살이 많다.
불고기, 다짐육, 찌개

### (3) 돼지고기 가공육

① 햄(ham) : 돼지의 뒷다리 부분, 둔부, 등심육을 정형하여 혼합염을 첨가 또는 염지하여 포장한 후 훈연하거나 열처리한 것이다.

② 소시지(sausage) : 소시지는 원래 상등육을 얻을 수 없는 가난한 계층의 소비자를 위하여 값싼 고기에다 부산물 등을 이용하여 만든 가공품으로, 소시지의 명칭은 암돼지고기인 소우(sow)에 세이지(sage)라는 허브를 넣은데서 비롯되었다.

③ 베이컨(bacon) : 돼지 복부살의 기름진 부위를 소금에 절여서 절단한 다음 건조하고 훈연한 것으로, 만드는 방법은 햄과 비슷하다.

# 3. 조육류

조육류는 닭, 오리, 칠면조, 꿩 등을 말하며 지역에 따라 선호하는 종류가 다르다. 우리나라에서는 닭고기를 가장 많이 사용하며, 중국에서는 오리고기, 미국에서는 칠면조 고기를 많이 이용한다. 우리나라에서도 최근 들어 오리고기의 섭취량이 증가되고 있다.

조육류는 비타민 B군의 급원식품이며 지방의 함량이 적어 칼로리가 낮은 편이다. 또한 지방의 융점이 낮아서 식은 후에 먹어도 입안의 촉감이 좋다. 근육의 부위에 따라서도 연한 정도가 달라지는데, 닭의 가슴살, 안심 등의 흰 살 부위는 혈액량이 적어서 백색을 띠며, 다리살, 날개살 같은 붉은 살 부위보다 근섬유가 가늘어 소화되기가 쉽다.

조육류는 살모넬라(salmonella)균에 감염되어 있기 쉬우며 1일 이상 저장 시는 반드시 냉동해야 한다.

조육류는 다른 육류에 비하여 숙성이 빠르므로 바로 식용으로 하는 것이 좋으며, 식용으로 사용하는 닭은 병아리(400g 이하), 영계(0.8~1.0kg), 중닭(1.2~1.5kg), 노계(1.6kg 이상) 등으로 나뉜다.

산란을 오래 한 노계나 닭살을 바르고 나온 뼈는 육수용으로 사용한다. 우리나라 사람들은 닭다리 요리를 선호하지만  서양인들은 닭가슴살 요리를 선호한다.

▸닭의 부위별 특징과 조리법

| 부 위 | 특 징 | 조리법 |
|---|---|---|
| 다리살 | 닭고기 중 유일하게 붉은 살코기부분으로 즙과 기름이 많아 맛이 좋다. | 튀김, 조림, 구이 |
| 가슴살 | 색이 희고 기름기가 전혀 없어서 빽빽하나 담백한 맛을 낸다. | 튀김, 구이, 찜 |
| 날 개 | 운동을 많이 한 부분으로 살은 적으나 지방과 콜라겐이 많고 즙이 많아 맛이 좋다. | 튀김, 찜, 양념구이 |
| 등, 목 | 등부분은 살은 적으나 지미성분이 많다 | 국물용 |

# 4. 어패류

어패류의 종류는 대단히 많으며 우리나라는 바다와 인접한 면이 많아 다양한 어패류를 섭취하고 있다. 어패류는 조직학적으로 보아 척추를 가진 생선과 단단한 껍질을 가진 갑각류로 나눈다. 이것을 더욱 세분하여 보면 어류, 조개류, 갑각류, 연체류로 구분할 수 있다.

## 1) 어패류의 구분

### (1) 어류

① **흰살생선** : 물이 맑고 깊은 바다, 즉 물의 온도가 낮은 곳에 사는 정착성 어종으로 운동량이 적으며 지질함량은 20% 이하이다.
가자미, 도미, 민어, 광어, 대구, 명태, 복어 등

② **붉은살생선** : 바다의 표면과 인접한 지역에 사는 회유어류로 운동량이 많다. 지질함량은 5~20% 정도이며, 계절에 따라 지질함량의 차이가 크며 지질함량이 증가할 때 훨씬 맛이 있다.
멸치, 꽁치, 고등어, 연어, 뱀장어, 청어 등

### (2) 조개류

껍질이 두껍고 단단한 것은 늙은 조개이며, 껍질이 얇은 것이 어린 조개로 맛이 있다. 조개류에는 타우린(taurine)이 함유되어 성인병 예방에 좋다.

타우린은 콜레스테롤(cholesterol) 감소, 간장의 해독능력 향상, 혈압의 안정, 당뇨병 예방 등에 효과가 있는 것으로 알려져 있다.

홍합, 소라, 대합, 굴, 전복, 꼬막 등

### (3) 갑각류

단단한 껍질로 덮여 있으며 껍질이 마디마디 여러 조각으로 나뉘어 있다. 껍질 부위는 탄산칼슘이 침착하여 딱딱하다.
꽃게, 왕게, 새우, 바닷가재 등

(4) 연체류

단단한 껍질과 마디가 없으며 부드러운 육질로 이루어져 있다.
문어, 낙지, 오징어, 해삼 등

## 2) 어패류의 식품학적 가치

- 단백질 함량은 수조육류보다 약간 낮기는 하나 다른 식품에 비하여 우수한 단백질 급원식품이다. 이상적인 단백질을 100으로 하면 수조육류는 80인데 비해 어육은 70이다.
- 성인병 예방에 도움을 주는 중요한 식품성분으로 인식되기 시작한 것은 생선에는 지방산중 다가의 불포화지방산인 EPA(Eicosapentaenoic acid)와 DHA(Docosahexaenoic acid)가 풍부하여 동맥경화, 심근경색, 고혈압, 뇌졸중, 당뇨병 등의 성인병을 예방한다는 것을 알게 되었기 때문이다.
  EPA와 DHA는 혈중 중성지질을 감소시키고 혈중 총 콜레스테롤(cholesterol) 함량을 감소시키며 혈액의 점도를 저하시켜 혈전의 생성을 방지한다.
  EPA와 DHA는 정어리, 고등어, 꽁치, 참치 같이 등이 푸른 생선에는 많고 가다랑어, 방어 등과 같은 고급 생선이나 광어, 도미, 복어 같은 흰살 생선에는 거의 없다.

## 3) 어패류의 특징

생선의 가식부위는 40~70%이며 주로 근육조직을 섭취한다. 근육조직은 주로 근섬유가 모인 다발의 형태를 나타내며 결합조직인 얇은 융막으로 접합되어 있다.
융막은 가열에 의해 젤라틴(gelatin)화되어 조리 시 분리되기 쉽다.
맛에 영향을 주는 지질함량은 머리보다 꼬리 쪽에 더 많고 어떤 생선은 등 쪽에 비해 배 쪽에 지질이 많다. 대표적인 것이 참치의 뱃살인데 지질함량은 20% 이상이나 된다. 지질이 많은 살이 맛이 있는 것은 지질 자체의 구수한 맛 뿐 아니라 가열하면 지질이 용해되어 근육에 스며듦으로써 살을 부드럽게 해주기 때문이다.

가열에 의한 생선의 중량 감소는 어류는 15~20%, 연체동물은 약 35~40%의 감소가 나타난다. 생선을 프라이 팬이나 석쇠에 가열할 경우 미오겐(myogen)의 단백질결합이 끊어져서 펩티드(peptide)결합이 풀어지고 분자 표면의 노출된 반응기가 금속이온과 반응하여 석쇠 등에 붙게 되는 열응착성이 생긴다.

- 붉은살생선 : 지질함량이 증가하는 산란기 전이 맛이 좋다.
  계절에 따라 지질함량의 변화가 심하다.
- 흰살생선 : 지질함량의 변동이 없어 산란기 후에도 맛이 좋다.
  운동량이 적어 연중 지질함량의 변화가 없다.

※ 붉은살생선은 생육 중의 효소력이 강하기 때문에 사후경직 시간이 짧고 단시간에 상하기 쉽다. 흰살생선은 사후경직 시간이 길어 붉은살생선에 비하여 신선도를 오래 유지할 수 있다.

- 굴은 산란기(5~8월)에는 독소가 있어서 식용으로 적합하지 않다.
- 상어나 홍어는 선도가 떨어지면 강한 암모니아 냄새가 나는데 그것은 상어와 홍어의 근육에는 다량의 요소(1~2%)가 함유되어 있어 이들 생선이 죽으면 세균에 의해서 요소가 분해되어 암모니아가 생성되기 때문이다.
- 생선은 수육류와 비슷한 횡문근 근육조직이나, 오징어의 근육은 횡문근이 아니라 평활근으로 근섬유가 몸체와 직각인 방향으로 있어 건조된 후에는 찢을 수가 있다.
- 육질이 연한 생선(옥돔, 삼치 등)에는 빨리 소금을 첨가하여 살을 단단하게 한다.
- 생선에 함유된 어취성분인 아민(amine)류는 산과 결합하면 약화되며 암모니아 냄새는 산과 결합하면 소멸된다. 생선요리에 레몬조각을 곁들이는 것이 예이다.
- 흰살 생선은 지질함량이 적고 살이 연하므로 조미를 약하게 하여 생선 자체의 맛을 즐긴다. 붉은살 생선은 지질의 함량도 많고 단단하므로 조미를 강하게 한다.
- 흰살 생선이나 비린내가 적은 생선은 소금구이가 좋고 붉은살 생선이나 비린내가 많은 생선은 양념구이가 좋다.
- 전유어에 사용되는 생선은 흰살생선으로 얇게 포를 떠서 이용하며 전유어는

비린내를 제거하는 가장 좋은 조리방법이다.

# 5. 난류

난류는 달걀, 오리알, 메추리알 등이 있으나 달걀이 가장 많이 이용되고 있다.

난류는 단백질, 지질, 무기질, 비타민 등 여러 가지 영양소를 많이 함유하고 있다. 단일식품으로서 영양가치가 우수하기 때문에 식생활에 많이 이용된다. 또한 생산량이 풍부하고 계절이나 지역에 따른 공급량에 큰 변동이 없으므로 가격이 안정적이다.

## 1) 달걀의 구조

달걀은 크게 난각, 난백, 난황의 세 부분으로 구성되며, 달걀 1개의 무게는 평균 50~60g이다.

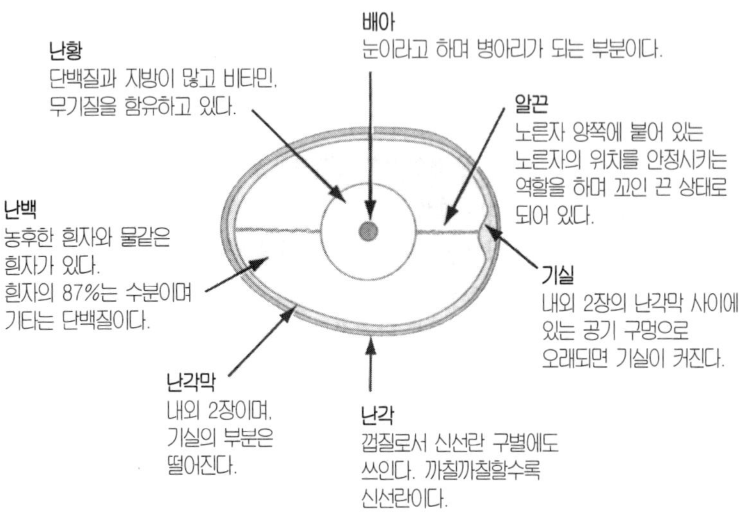


그림 8-5 달걀의 구조

### (1) 난각(껍질)

난각의 두께는 보통 0.3㎜ 정도이며 약 10,000여 개의 기공이 있어 공기를 유통시키고 수분을 증발시킨다.

신선한 난각에는 큐티클(cuticle)이라고 하는 층이 있어 세균의 침입을 막아준다. 그러나 물로 씻으면 제거되므로 달걀을 물로 씻은 후에는 오래 보관하는 것은 바람직하기 않다.

껍질의 색은 백색과 담갈색이 있는데 이 색은 닭의 유전에 따라 다르고 난황의 색, 영양가와는 관계가 없다. 닭털의 색이 흰 것은 흰 알을 낳고, 색이 있는 것은 갈색의 알을 낳는다.

### (2) 난백

난백은 배아가 외부로부터의 진동이나 습도 변화의 영향을 받지 않도록 보호하고 있다.

난백은 난황에 비하여 수분함량은 높은 반면 영양가는 낮다. 난백단백질은 함량은 낮으나 6종의 단백질이 혼합되어 구성되어 있는데 그 중 오브알부민(ovalbumin)이 전체 단백질의 약 60%를 차지하고 있다.

### (3) 난황

난황은 반이 수분이고 반이 고형물이다. 그러나 영양소는 난황이 가장 많은 부분을 차지하고 있는데 2/3는 지질이며, 1/3은 단백질로 구성되어 있다.

난황단백질의 주성분은 지단백질(lipoprotein)이며, 삶은 난황이 쉽게 부스러지는 것은 난황이 구상(球狀)의 미립자로 구성되어 있기 때문이다.

난황의 색소는 주로 잔토필(xanthophyll)이다. 난황의 색을 진하게 하기 위해서는 사료에 푸른 잎채소나 풀을 섞어주면 이곳에 존재하는 잔토필의 영향으로 색이 진한 난황을 얻을 수 있다.

### (4) 기실

난각막은 외난각막과 내난각막으로 구성되어 있으며, 2개의 막 사이에 기실(氣室)이 존재한다. 산란 후 시간이 경과됨에 따라 커지므로 신선도 판정의 중요한 요소가 된다.

### 2) 달걀의 선도

① 껍질이 까칠까칠하며 광택이 없는 것이 신선한 것이다.

② 달걀을 흔들어 보면 신선한 것은 소리가 나지 않는다.

③ 어두운 곳에서 달걀에 빛을 비추어 보면 난각은 광선을 투과하므로 기실의 크기, 난각이 깨져 있지는 않은지 등을 알 수 있다.

④ 신선한 달걀의 비중은 1.08~1.09이다. 따라서 신선도가 저하됨에 따라 비중이 감소하므로 3~4%의 소금물에 담가보아 위로 뜨는 것은 오래된 달걀이다.

⑤ 시간이 지나면 난각의 기공을 통한 수분의 증발로 인하여 무게는 감소하고 기실의 크기는 커진다.

⑥ 시간의 경과에 따라 농도 차이로 인한 난백의 수분이 난황으로 이동하는 현상도 나타난다. 따라서 난황막이 약화되고 난황의 크기가 증가하여 계란을 깨뜨릴 때 난황이 터지기 쉽게 된다.

### 3) 달걀과 조리

① 달걀의 응고 온도는 난백은 60℃ 부근에서 응고를 시작하여 65℃에서 완전히 응고하며, 난황은 65℃ 부근에서 응고를 시작하여 70℃에서 완전히 응고된다. 난백이 난황보다 낮은 온도에서 응고하는 이유는 구성되어 있는 단백질 조성에 차이가 있기 때문이다.

② 달걀을 100℃의 끓는 물에서 15분 이상 가열하면 노른자의 표면이 암록색으로 변한다. 그 이유는 난황의 철과 난백의 황화수소가 결합하여 황화제일철(FeS)를 형성하기 때문이다. 신선하지 못한 달걀을 삶으면 황화제일철이 더 많이 생긴다.(pH에서 기인)

③ 달걀 껍질을 벗기기 용이한 달걀은 신선한 달걀보다는 산란 후 7~10일 정도

지난 것이 좋다. 껍질을 벗기는 일의 난이도는 난백의 pH에 따른다. 난백의 pH가 8.9 이하일 때는 난백이 껍질에 붙는다. 신선한 달걀의 난백 pH는 7.6 정도인데 오래되면 난백중의 이산화탄소($CO_2$)가 증발하여 pH가 9.5까지 올라간다. 그러나 삶은 달걀을 즉시 냉수에 담그면 난백과 난황의 부피가 수축하여 속껍질과의 사이에 미세한 공간이 생겨 껍질이 잘 벗겨진다.

# 6. 우유

우유는 포유동물의 유선에서 분비되는 액체로 거의 모든 영양소가 들어있는 완전식품에 가까우며, 소화흡수도 잘되는 알칼리성 식품이다.

우리가 유즙을 식용으로 하는 포유동물로는 소, 양, 말, 낙타 등이 있으나 가장 보편적인 것은 우유이다. 우리가 먹는 우유는 목장에서 착유된 원유를 살균처리 하여 축산물 가공처리법에 규정된 규격에 맞도록 제조된 시유(market milk)이다.

시유는 백색우유와 가공우유로 구분한다. 백색우유는 원유를 살균처리한 일반우유와 비타민과 무기질 등을 강화한 강화우유, 유당분해우유, 저지방우유 등이 있으며, 가공우유에는 초코우유, 바나나우유 등이 있다. 모든 시판되는 우유는 살균처리 후에 균질화(homogenization) 처리를 한 것이다. 균질처리의 목적은 우유를 실온에 방치했을 때 큰 지방구의 크림층 형성을 방지하기 위해서이다.

원유에서 원심분리를 이용해서 지질을 분리한 것을 크림(cream), 나머지를 탈지유(skim milk)라고 하며, 크림을 분리하지 않은 것을 전유(whole milk)라고 한다. 크림으로는 버터를 만들며, 탈지유는 음료 외에 분유, 요구르트, cottage cheese 등의 원료가 된다.

치즈를 만들기 위하여 우유의 단백질과 지질을 효소로 응고시켜 분리한 것을 커드(curd)라고 하며, 커드를 분리하고 남은 것을 유청(milk serum) 또는 훼이(whey)

라고 한다. 신선한 우유의 비중은 1.028~1.034이며 pH는 6.4~6.6이다.

### 1) 우유의 영양성분

우유는 일반적으로 수분 85~90%, 단백질 2.7~4.41%, 지질 3~4%, 당질 4~5.5% 등을 함유하지만 젖소의 품종, 연령, 계절 등에 따라 약간씩 달라진다.

탈지유에 함유되어 있는 카제인(casein)은 우유단백질의 약 80%를 차지하는 주요 단백질이다. 카제인은 열에는 비교적 안정하여 보통 조리온도에서는 응고하지 않는다. 그러나 우유에 응유효소는 레닌(rennin)을 첨가하면 카제인은 불용성인 커드(curd)를 형성하며 침전되는데 이것을 치즈(cheese) 제조에 이용한다.

유청단백질에는 락토알부민(lactoalbumin), 락토글리불린(lactoglobulin) 등이 함유되어 있다. 유청단백질은 총 우유단백질의 20%를 차지하며 가용성단백질이라고도 한다.

우유의 지질은 3~4% 정도 함유되어 있고, 저지방우유에는 2% 정도이며, 크림(cream)에는 대단히 높은 정도로 함유되어 있다. 우유의 총지질의 95~98%가 중성지질의 형태로 존재한다.

우유에 함유된 당질(glucoside)의 대부분은 유당(lactose)의 형태이며 나머지는 포도당(glucose)과 갈락토오스(galactose)의 상태로 존재한다. 유당은 포유동물의 유즙에만 존재하는 당이다. 유아기가 지나면 우유를 잘 안 먹는 동양인이나 아프리카 흑인에게는 장내에서 유당분해 효소가 후천적으로 퇴화되어 유당을 소화시키지 못하고 복통이나 설사를 일으키는 유당불내증(lactose intolerance)이 있는 경우가 있다.

### 2) 우유의 살균처리

① 저온장시간살균(low temperature long time method : LTLT)
- 62~63℃로 30분간 가열처리
- 노동력 / 시간이 많이 소요된다.
- 농촌 또는 가정이나 소규모 공장에서 사용한다.

② 고온단시간살균(high temperature short time method : HTST)
- 71℃에서 15초간 가열처리
- 연속으로 다량 처리할 수 있다.
- 원유에 가까운 풍미를 얻을 수 있다.

③ 초고온살균(ultra high temperature method : UHT)
- 135~150℃에서 0.5~15초의 초고온 순간살균
- 살균이 끝난 우유는 10℃ 이하로 급속히 냉각시켜 냉장보관
- 색・풍미・영양가의 변화를 최소화한다.

### 3) 우유와 조리

우유는 조리 시에 주재료보다는 부재료 및 다양한 용도로 사용된다.

① 우유의 색으로 인해 음식의 색이 희게 된다.
… 화이트소스(sauce), 치킨알라킹(chicken a la king) 등.

② 우유를 첨가하면 메일러드(maillard) 갈색화반응으로 인하여 갈색이 되며 풍미도 증가된다.
… 케이크나 쿠키, candy류 등.

③ 우유의 단백질은 열에 의해 응고하므로 겔(gel)의 강도를 높여주는 효과가 있다.
… 스크램블드에그(scrambled egg), 오믈렛(omelet) 등.

④ 우유에 존재하는 콜로이드(colloid)입자는 냄새를 흡착, 제거한다.
… 생선을 조리하기 전 우유에 담그면 비린내가 제거된다.

### 4) 우유제품

#### (1) 연유(condensed milk)

연유는 우유의 수분을 증발시켜 1/2~1/3으로 농축시킨 것이며 무당연유

(evaporated milk)와 우유에 15%의 설탕을 첨가한 가당연유(sweetened condensed milk)가 있다.

무당연유는 보존성이 좋지 않으므로 개봉 후는 바로 사용하도록 한다. 가당연유는 당 함량이 높아 저장성이 높다.

연유는 빵, 제과 등의 용도에 사용한다.

### (2) 크림(cream)

우유를 오랫동안 가만히 놓아두거나 원심력으로 분리하면 유지방 함량이 많은 부분이 위로 뜨게 되는데 이것을 크림이라 한다. 크림에는 유지방 18~20%의 커피(coffee)크림과 40% 정도의 휘핑(whipping)크림, 80%의 플라스틱(plastic)크림이 있다.

휘핑크림은 케이크장식이나 과일과 함께 디저트로 사용되며, 플라스틱크림은 아이스크림이나 버터의 원료로 쓰인다.

### (3) 치즈(cheese)

치즈는 우유, 탈지유, 버터밀크 등을 원료로 응용효소인 레닌(rennin)이나 젖산균을 첨가하여 커드(curd)를 만들어 유청을 제거하고 고형상으로 만들어서 발효, 숙성시킨 카제인(casein) 응고물이다. 이것을 자연치즈(natural cheese)라 한다.

가공치즈(process cheese)는 2종 이상의 자연 치즈를 분쇄한 후 가열, 용해, 유화한 것으로 가열하면 치즈의 휘발성 향기성분이 휘발되고 성분의 화학변화가 일어나므로 자연 치즈보다 풍미가 약하다. 우리나라의 치즈는 대부분 가공 치즈이다.

치즈는 경도에 따라서 수분함량 50~75%의 연질 치즈, 40~50%의 반경질 치즈, 30~40%의 경질 치즈, 30~35%의 초경질 치즈로 분류한다.

치즈의 주성분은 단백질과 지질이며, 원유의 약 10배 정도 농축되어 있다. 칼슘과 비타민 A,B 군도 다량 함유되어 있다.

**표 8-1** 수분함량에 따른 치즈의 분류

| 분 류 | 수분(%) | 종 류 |
|---|---|---|
| 연 질 치 즈<br>(soft cheese) | 50~75 | 숙 성 : camembert, brie, belpaese<br>비숙성 : cottage, cream, mozzarella |
| 반 경 질 치 즈<br>(semi-hard cheese) | 40~50 | 세균 숙성 : bric, limburger, munster<br>푸른곰팡이 숙성 : roquefort, blue, gorgonzola |
| 경 질 치 즈<br>(hard cheese) | 30~40 | 세균 숙성(발효공有) : emmenthal, gruyere<br>세균 숙성(발효공無) : cheddar, edam, gouda |
| 초 경 질 치 즈<br>(very hard cheese) | 30~35 | 세균 숙성 : parmesan, romano, sapsago |

- **cottage cheese** : 네델란드가 원산지. 탈지유로 만들고, 저칼로리이며, 신맛을 가진다. 쉽게 부식하므로 낮은 온도에서 보관하여야 한다. cake, pie, cookie, salad에 이용한다.
- **cream cheese** : 미국에서 많이 생산됨. 크림이나 크림을 첨가한 우유로 만드는 숙성되지 않는 치즈로 버터처럼 매끄러운 조직으로 되어 있고 진한 맛이 난다. 카나페, 샌드위치, 샐러드, 드레싱 등의 요리에 이용한다.
- **mozzarella cheese** : 피자에 많이 사용하므로 피자치즈라 불린다. 거의 흰색에 가까운 미색을 띠고 표피는 없고 조직이 매우 부드러운 자연치즈이다. 가열하면 녹으면서 길게 늘어나며 쫄깃쫄깃하다.
- **camembert cheese** : 프랑스산으로 흰곰팡이 치즈의 한 종류이다. 표면의 흰색은 바로 흰곰팡이로 얇고 단단한 껍질 부분을 모두 먹을 수 있으며 속은 매우 부드럽다. 향이 강하지 않고 맛이 순하다. 카나페, 디저트에 이용한다.
- **brie cheese** : 프랑스산이며 camembert cheese와 유사하지만, 맛과 향이 더 강하다. 흰곰팡이 치즈로 표면에는 흰곰팡이 막이 있고 충분히 숙성되면 단단한 껍질 안에 부드러운 속이 생긴다. 카나페, 디저트에 이용한다.
- **bric cheese** : 미국이 원산지. 최초의 미국치즈라고 할 수 있다. 쉽게 잘리고

부드러운 맛과 향을 가지며, 오렌지색의 외피에 연한 미색의 조직을 가지고 있으며, 작은 구멍들이 흩어져 있다. 주로 크래커와 샌드위치에 넣어 먹는다.

▸ **roquefort cheese** : 프랑스 roquefort가 원산지. 오래된 치즈 중에 하나이며 양유에서 생긴 푸른곰팡이로 숙성시켜 만든 치즈이다. 푸른곰팡이 균사가 치즈 내부에 그물처럼 뻗어 절단면에는 아름다운 대리석 모양을 나타내며, 톡 쏘는 자극적인 맛이 특징이다.

▸ **gorgonzola cheese** : 이탈리아가 원산지. 10세기 후반부터 만들어졌으며, 두터운 곰팡이 맥이 있는 것으로 유명하다. 푸른 무늬는 치즈 속의 푸른곰팡이가 발육되면서 생기는 것으로 씹었을 때 톡 쏘는 짭짤한 맛과 특유의 자극적인 매운맛이 느껴진다. 파스타나 리조또에 잘 어울린다.

▸ **emmenthal cheese** : 스위스의 대표적인 치즈. 유산균에 의해 생긴 발효가스의 생성이 촉진되어 독특한 구멍(cheese eye)이 생긴다. 내부는 아이보리색이거나 옅은 노란색이며, 딱딱한 고무와 같은 질감을 가지고 있다. 달콤하고 자극적인 향기를 지니며, 완전히 숙성되면 톡 쏘는 맛을 지니게 된다.

▸ **gruyere cheese** : 스위스가 원산지. 저온살균하지 않은 원유로 만들며 가염을 강하게 한다. 갈색의 딱딱하고 기름기 있는 외피는 울퉁불퉁하며, 내부는 치밀하나 부드럽고 간혹 미세한 구멍들이 있기도 하다. 호두향을 가지며, 녹으면 끈끈한 성질을 가지기 때문에 그라탕이나 스위스의 대표요리인 퐁듀에 주로 이용된다.

▸ **cheddar cheese** : 영국이 원산지. 세계적으로 가장 모방이 많이 되고 흔하게 만들어지는 치즈이다. 회색빛이 도는 딱딱한 외피를 가지며, 내부는 매끄럽고 단단하며 금빛 노란색을 지닌다. 연한 호두향이 나며 톡 쏘는 짠 맛과 독특한 단맛을 지니고 있다. 쉽게 녹기 때문에 요리에도 많이 사용되며 크래커나 빵 등과 함께 그냥 먹어도 좋다.

▸ **edam cheese** : 네덜란드가 원산지. 대부분 탈지유나 부분 탈지유로 만들어져 지방함량이 비교적 낮다. 둥근 공 모양으로 붉은 색 왁스에 코팅되어 있으며,

내부는 노란색으로 치밀하고 매끄러운 조직을 지니고 있다. 부드러운 호두향이 나는 진한 맛을 지니고 있다.

▸ **gouda cheese** : 네덜란드가 원산지. 유럽에서 생산되는 가장 오래된 치즈 중의 하나로 6세기경부터 생산하였다. 숙성된 것은 염도가 높고 내부가 황금색으로 조직이 단단하지만 보통은 풍미가 부드럽고 온화하며, 상아색으로 조직이 연하고 부드럽다. 식사에 곁들이기도 하며, 디저트용으로도 사용한다.

▸ **parmesan cheese** : 이탈리아가 원산지. 매우 단단하며, 무게가 많이 나가 분할하거나 분말로 판매한다. 강판에 갈아서 마카로니, 스파게티 등에 사용한다.

▸ **romano cheese** : 이탈리아가 원산지. 양젖으로 만드는 것으로 단단한 껍질 속에 크림같이 하얀 거칠거칠한 질감의 작은 알갱이 입자가 들어있다. 쉽게 쪼개지고 가루로 만들기 쉬어 분말형태로 사용한다. 강하고 자극적인 맛으로 매우 짠 편이지만 독특한 단맛과 진한 호두향이 난다.

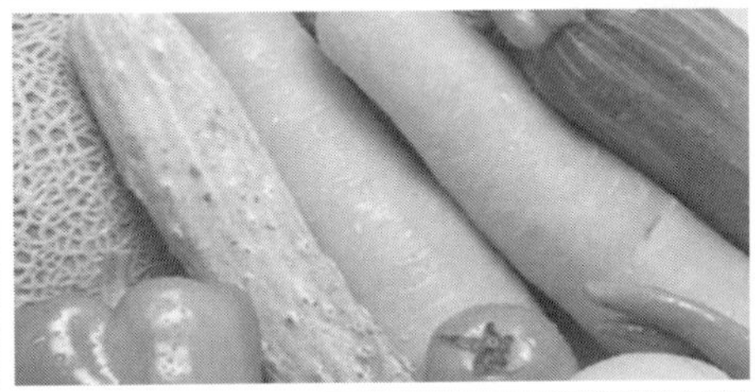

제 9 장

# 무기질 (Mineral)

무기질(mineral)은 체내에서 에너지원은 되지 않으나 반드시 필요로 하는 화학원소로서, 유기화합물을 구성하는 탄소(C), 수소(H), 산소(O), 질소(N)는 포함시키지 않는다. 무기질은 대개 염화나트륨 같은 무기염의 형태로 식품에 들어있는데, 황(S)과 인(P) 같은 무기질은 단백질의 구성성분으로써 유기화합물들의 일부가 되기도 한다.

식품의 무기질로서 함유된 원소는 여러 종류이지만 칼슘(Ca)과 인(P) 등과 같은 우리 체내에 비교적 많은 양이 들어 있는 무기질을 다량무기질(macrominerals)이라고 하며 구리(Cu)나 요오드(I) 등과 같이 아주 소량씩만 들어있는 것은 미량무기질(microminerals)이라고 한다.

**표 9-1** 무기질의 종류

| 다량 무기질 | 미량 무기질 |
|---|---|
| 칼륨(K) | 철(Fe) |
| 칼슘(Ca) | 구리(Cu) |
| 나트륨(Na) | 요오드(I) |
| 마그네슘(Mg) | 아연(Ze) |
| 인(P) | 코발트(Co) |
| 황(S) | 망간(Mn) |
| 염소(Cl) | 불소(F) |
| | 셀렌(Se) |
| | 크롬(Cr) |
| | 몰리브덴(Mo) |

# 1. 무기질의 기능

무기질은 체내에서 다음과 같은 주요 기능을 수행한다.

① 칼슘, 인, 마그네슘은 골격과 치아를 구성한다.

② 수용성 염의 형태로 체내에 들어있는 무기질은 체액의 조성을 조절하는 기능을 수행한다.

③ 효소의 성분과 효소반응의 활성작용에 참여한다.

무기질의 생리작용 및 결핍증상, 급원식품을 표 9-2에 나타내었다.

**표 9-2 무기질의 생리작용과 결핍증**

| 무기질 | 생 리 작 용 | 결핍증 | 급원식품 |
|---|---|---|---|
| Ca | 골격 및 치아 형성, 혈액응고 촉진, pH의 조절, 삼투압유지, 근육의 수축작용, 신경 흥분성 억제, 효소의 활성화 | 골격, 치아의 발육부진, 골연화증, 구루병, 혈액응고 불량 | 멸치, 우유, 고추, 콩 |
| P | 골격 및 치아의 형성, 에너지대사에 관여, 체액의 완충작용, 지방산의 이동 | 골격, 치아의 발육부진, 골연화증 | 멸치, 우유, 난황, 새우, 야채 |
| Mg | 신경과 근육의 흥분억제, 당질대사 , 효소의 조효소 구성성분 | 신경계의 자극, 혈관의 확장, | 곡류, 서류 |
| K | 삼투압유지, pH의 조절, 신경의 전달, 글리코겐 형성과 단백질합성에 관여 | 근육의 이완, 발육부진, 구토, 설사 | 곡류, 야채, 과일 |
| Na | 근육의 수축, 타액소화효소의 활성화 | 소화불량, 경련, | 식탁염, 우유 |
| Cl | 삼투압유지, pH 조절, 위액의 산성의 유지 | 위액의 산도저하, 소화불량 | 식탁염 |
| Fe | 헤모글로빈의 구성성분 | 저혈색소성빈혈, | 간,난황, 녹색채소 |
| S | 함유황아미노산의 구성성분, 비타민 $B_1$ 의 구성성분, 항독소 작용 | 손톱, 발톱, 모발의 발육부진 | 단백질 중 유황아미노산 |
| Cu | 철의 산화작용, 헤모글로빈생성 관여 | 저혈색소성 빈혈 | 간, 해조, 채소류 |
| I | 갑상선 호르몬의 구성성분 | 갑산선종, 비만증 | 해조류, 무우 |
| F | 골격이나 호르몬의 구성성분 | 과잉증(반상치아, 심근장해) | 해산물 |
| Zn | 췌장호르몬의 인슐린의 성분 | 발육장해, 탈모증상 | 곡류, 두류,야채 |
| Mn | 발육에 관여, 요소형성·단백질 대사에 관여, 지방산의 합성반응을 활성화 | 성장장해, 생식작용불능 | 곡류, 차, 커피, 야채 |
| Co | 비타민$B_{12}$ 구성성분, 직혈구 생성 관여 | 비타민 $B_{12}$ 결핍, 빈혈 | 쌀, 콩 |

## 2. 알칼리성 식품과 산성식품

식품 속에 있는 무기질은 알칼리를 생성하는 원소와 산을 생성하는 원소로 나눌 수 있다. 칼슘(Ca), 마그네슘(Mg), 나트륨(Na) 등과 같이 $Ca^+$ , $Mg^+$ , $Na^+$ 등 양이온을 생성하는 것을 알칼리 생성원소라 하고 염소(Cl), 요오드(I)와 같이 $Cl^-$ , $I^-$ 등 음이온을 생성하는 것을 산 생성원소라고 한다.

식품에 함유된 이들 알칼리 생성원소와 산 생성원소의 당량을 비교하여 산 생성원소보다 알칼리 생성원소가 많은 식품을 알칼리성 식품이라 하고 반대의 것을 산성 식품이라고 한다.

주요 알칼리성 식품과 산성식품을 보면 표 9-3과 같다.

**표 9-3** 주요 알칼리성 식품과 산성 식품

| 알칼리성 식품 | | 산성 식품 | |
|---|---|---|---|
| 채소류 | 시금치 · 양배추 | 곡류 | 백미 · 밀가루 |
| 과일류 | 귤 · 감 | 어패류 | 참치 · 도미 · 대합 |
| 서 류 | 감자 · 고구마 | 육류 | 닭고기 · 돼지고기 |
| 난 · 유류 | 난백 · 우유 | 난 · 유류 | 난황 · 치즈 |
| 두류 | 대두 · 팥 | 두류 | 완두콩 |

사람의 체액과 혈액은 항상 pH 7.35 정도의 약 알칼리성으로 유지되는 것이 좋다.

산성식품을 과다하게 섭취하면 혈액이 산성으로 기울어져서 산 중독증(acidosis)에 걸리게 된다. 그러나 알칼리성식품은 과잉으로 섭취하더라도 체내에서 배설과 조절이 비교적 잘 이루어지므로 알칼리 중독증(alkalosis)에 걸리는 경우는 거의 없다. 따라서 산성식품보다 알칼리성식품을 더 많이 섭취하는 것이 좋은 것이나, 더욱 바람직한 것은 균형있는 식단에 의한 식습관이다.

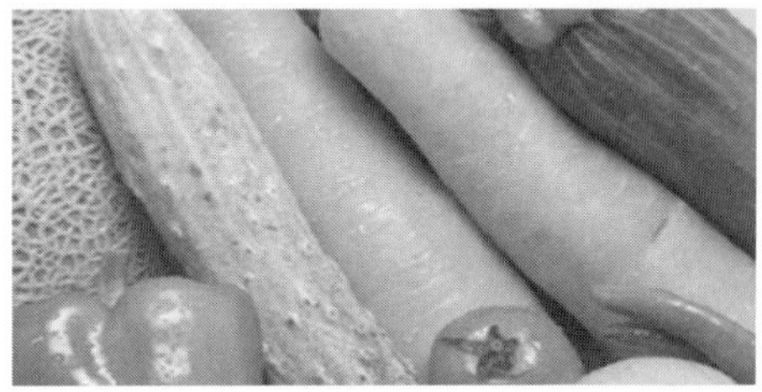

# 제 10 장

# 비타민 (Vitamin)

비타민(vitamin)이란 건강유지에 꼭 필요한 유기화합물이며 적은 양만으로도 체내기능을 수행할 수 있다는 특징을 가진다. 또한 대부분의 비타민은 체내에서의 합성이 불가능하기 때문에 식이를 통하여 섭취하여야 하며 따라서 필수영양소이다.

19세기만 하더라도 탄수화물(carbohtdrate), 지질(lipid), 단백질(protein), 무기질(mineral)이 함유된 식품만 충분히 섭취하면 건강을 유지할 수 있는 것으로 생각하였다. 루닌(Lunin), 에이크만(Eijkman)의 동물성장에 관한 연구로 인하여 결핍증(defieiency disease)에 관한 연구가 시작되게 되었다. 펑크(Funk)는 1912년에 각기병을 방지하는 물질을 쌀겨에서 추출, 분리하는데 성공하였고 이 항각기성물질의 구조에 아민(amine)기가 있는 것에 착안하여, 이 물질을 "생명에 없어서는 안 될 아민(amine)", 즉 "vital amine"이라는 의미로 "vitamine"이라고 명명하여 비타민 발견의 동기가 되었다. 그 후 비타민 중에는 아민(amine)기를 갖고 있지 않은 것들도 있기 때문에 모든 비타민류에 적용하기에는 부적절하다고 하여 1919년 드루몬드(Drummond)의 제의에 의해 "vitamine"의 어미에서 "e"를 빼고 "vitamin"이라고 쓰게 되었다.

비타민이 발견되었던 초기에는 발견 순서대로 알파벳 문자를 따라 명명하였다. 그 후 비타민의 화학구조가 밝혀지면서 비타민마다 각각의 화학명이 부여되었다. 지금까지도 알파벳 문자로 된 비타민 명칭이 사용되고는 있으나 점차 화학명으로 대체되고 있다.

어떤 유기화합물은 생체 내에 들어가서 비타민의 효력을 내는 물질로 변하는 것이 있는데 이것을 프로비타민(provitamin)이라고 한다. 체내에 들어가서 비타민 A로 전환될 수 있는 주황색 색소인 카로텐(carotene) 등의 예에서 찾아볼 수 있다. 이와 반대로 비타민의 작용을 억제하는 물질을 항비타민(antivitamin)이라고 하며, 비타민과 결합하여 효력을 없애는 것과 비타민을 파괴시켜 효력을 상실시키는 것이 있다.

## 1. 비타민(vitamin)의 분류

비타민은 현재 약 20여 종이 알려져 있으며 용해성에 기초를 두고 기름 및 유기용매에 녹는 지용성 비타민(fat soluble vitamin)과 물에 녹는 수용성 비타민(water soluble vitamin)으로 분류된다.

지용성 비타민에는 비타민 A, D, E, F, K 등이 있으며, 수용성 비타민에는 비타민 B군[$B_1$, $B_2$, $B_6$, $B_{12}$, 니아신(niacin), 판토텐산(pantothenic acid) 등], 비타민 C, L, P 등이 있다.

지용성 비타민과 수용성 비타민의 일반적인 성질을 요약하면 표 10-1과 같다.

**표 10-1** 지용성 비타민과 수용성 비타민의 일반적 성질

| 지용성 비타민 | 수용성 비타민 |
|---|---|
| 1. 기름과 유기용매에 녹는다. | 1. 물에 용해된다. |
| 1. 1일의 섭취량이 필요량 이상일 때는 체내에 저장된다. | 1. 필요량만 보유한다. |
| 1. 배설되지 않는다. | 1. 여분은 소변으로 배설된다. |
| 1. 결핍증세가 서서히 나타난다. | 1. 결핍증세가 신속하게 나타난다. |
| 1. 매일 절대적으로 공급할 필요는 없다. | 1. 매일 공급되어야 한다. |
| 1. 비타민의 전구체가 있다. | 1. 일반적으로 전구체가 없다. |

## 2. 비타민(vitamin)의 측정 단위

비타민을 순수한 물질로 분리할 수 있게 되자, 그 양을 정확히 측정할 수 있으며, 표준이 될 수 있는 단위의 필요성으로 인해 국제단위가 만들어졌다.

국제단위는 IU(International Units)이며 현재 국제단위를 사용하고 있는 비타민은 비타민 C, D, E이다.

- vitamin C * 1 IU - 0.05 mg의 순수한 아스코르브산

- vitamin D * 1 IU = 0.000025 mg의 콜레칼시페롤($D_3$)
- vitamin E * 1 IU = 1 mg의 $\alpha$-토코페롤

그러나 요즈음 비타민 A와 카로텐(carotene)의 단위는 국제단위(IU)에서 레티놀 당량(RE : Retinol Equivalent)으로 바꾸어 사용하고 있다. 이러한 국제단위를 사용하지 않는 비타민은 보통 무게를 달 때 사용하는 g 단위를 사용한다.

- 1 RE = 1 $\mu$g 레티놀
- 1 RE = 6 $\mu$g의 $\beta$-카로텐
- 1 RE = 12 $\mu$g의 기타 카로텐

## 3. 지용성 비타민(fat soluble vitamin)

지용성 비타민은 기름에 잘 녹으나, 물에는 녹지 않는 성질을 갖고 있으며, 비타민 A, D, E, F, K 등이 있다. 생리작용과 결핍증에 관해서는 아래의 표 10-2와 같다.

**표 10-2** 지용성 비타민의 생리작용과 결핍증

| 명칭 | 생리작용 | 결핍증 | 식품 |
|---|---|---|---|
| A | 발육촉진, 상피세포 보호, 눈의 작용을 좋게 한다 | 야맹증, 안구건조증, 유아발육 부족 | 동물의 간, 당근, 시금치, 무 등 |
| D | Ca. P의 대사를 조절, 골조직 형성에 작용 | 곱추병, 골연화증(구루병), 유아발육 부족 | 간유, 어육, 우유, 버터, 난황 |
| E | 생식기능 유지, 산화방지. 노화방지 | 불임증, 근육위축증 | 식물성 기름 |
| K | 혈액중 prothrombin 양을 정상으로 유지하여 피의 응고성 | 혈액응고지연, 신장염, 임신성 부종 | 시금치, 양배추, 토마토, 달걀 등 |
| F | 산화, 환원반응에 관여 | 피부염, 기관지염 | 식물성 기름 |

### 1) 비타민 A(retinol)

비타민 A는 레티놀(retinol) 또는 악세로프톨(axerophtol)이라고도 하며 담황색 결정으로 지방과 기름에 용해되나 물에는 용해되지 않는다. 또한 빛에는 불안정하고 공기 중에서 산화되기 쉬운 성질을 갖고 있다. 체내에서 비타민 A는 성장을 촉진하며 모든 체세포의 대사에 관여한다. 또한 피부와 표피조직의 건강유지에 꼭 필요한 물질로 안구전면에 위치한 각막과 호흡기의 표면을 싸고 있는 점액성의 축축한 막을 보호하는 기능을 수행한다.

비타민 A는 구조가 복잡하여 합성을 하려면 시간과 경비가 많이 드므로 가격이 비싸다. 그러므로 현재 판매되고 있는 순수농축 비타민 A는 어간유에서 추출한 것이다.

**표 10-3** 식품 중의 비타민 A 함량(RE/100g)

| 식 품 | 함 량 | 식 품 | 함 량 |
|---|---|---|---|
| 소 간 | 10,556 | 풋고추 | 1,181 |
| 돼 지 간 | 6,306 | 당 근 | 1,087 |
| 달걀노른자 | 2,000 | 시금치 | 796 |
| 장 어 | 981 | 쑥 | 685 |
| 가공 치즈 | 168 | 상 추 | 392 |

### 2) 비타민 D(calciferol)

비타민 D는 보통 석회화(calcification)에 관계가 있어 칼시페롤(calciferol)이라고도 부르며 백색무취의 결정으로 기름과 지방에 용해되나 물에는 용해되지 않는다. 비타민 D의 체내 작용은 주로 칼슘(Ca)과 인(P)의 흡수를 촉진하여 뼈에 침착을 촉진한다. 그러므로 비타민 D가 결핍되면 골연화 또는 구루병을 초래하며 성장기의 동물에게서 발생하기 쉽다.

특히, 프로비타민(provitamin) D는 체내에 흡수되어 피하조직에 보유되는데 여기에 일광이 조사되어야 비타민 D가 생성되는데 자외선이 차단되는 실내에서는 비타민 D로 전환되지 못한다. 비타민 D는 동물에게만 존재하나 프로비타민 D는 식물성 식품에도 존재한다.

비타민 D는 지질이 풍부한 생선, 달걀, 버터, 간, 치즈 등에 많이 함유되어 있으며 열에 안정하고 물에는 녹지 않으므로 조리에 의한 손실은 염려하지 않아도 된다.

**표 10-4** 식품 중의 비타민 D 함량(I.U./100g)

| 식 품 | 함 량 | 식 품 | 함 량 |
|---|---|---|---|
| 청어 | 330 | 달걀 | 50 |
| 연어 | 314 | 소·돼지의 간 | 15~45 |
| 참치 | 200~320 | 버섯 | 6 |
| 버터 | 90 | 육류 | 5 |

### 3) 비타민 E(tocopherol)

비타민 E는 출산(tocos)과 관계가 있다고 하여 토코페롤(tocopherol)이라고 부르며, 체내에서 항산화제로써 중요한 기능을 수행한다. 즉, 비타민 E와 셀레늄은 지질의 산화를 억제시킴으로써 자유라티칼(free-radical)로 인한 손상으로부터 세포를 보호하는 기능을 수행한다. 비타민 E는 무색~담황색의 끈끈한 기름모양의 물질로서 산, 열, 빛 등에 비교적 안정하지만 자외선이나 산화에는 약하다. 비타민 E를 함유하고 있는 식품이 많지만 그 중에서도 맥아, 식물성 기름, 마가린, 달걀노른자에 특히 풍부하게 함유되어 있다. 비타민 E는 천연 항산화제이다. 식물성 기름에 들어있는 비타민 E는 불포화지방산의 산화를 억제함으로써 유지의 산패를 막아준다. 그리고 과일과 채소류의 아스코르브산(ascorbic acid)의 산화를 억제하는 기능도 있다. 여러 가지 식품에 들어있는 비타민 E의 함량은 표 10-5와 같다.

**표 10-5** 식품의 비타민 E 함량(mg/100g)

| 식 품 | 함 량 | 식 품 | 함 량 |
|---|---|---|---|
| 콩기름 | 140 | 마가린 | 54 |
| 면실유 | 90 | 버터 | 2.4 |
| 옥수수유 | 87 | 달걀 | 1.9 |
| 땅콩기름 | 22 | 살코기 | 1.4 |

### 4) 비타민 K

비타민 K는 출혈 시 혈액을 응고시켜 출혈을 막는 효과가 있으며, K는 혈액의 응고라는 덴마크어 "koagulation"에서 붙여진 이름이다. 비타민 K는 담황색 물질로서 열, 산에는 안정하지만 알칼리, 빛에는 불안정하다. 비타민 K 결핍증이 사람에게 나타나는 경우는 거의 없는데, 왜냐하면 장에 서식하는 세균에 의하여 합성될 뿐 아니라, 일상 식이만으로도 적정량의 섭취가 가능하기 때문이다.

단지 담즙의 부족이나 간 장해 등에 의해 비타민 K의 흡수작용이 저해될 때 결핍증이 일어나기 쉽다. 비타민 K는 녹색 채소류에 들어 있으며, 기타 다른 식품들에도 포함되어 있다.

### 5) 비타민 F(essential fatty acid)

비타민 F는 불포화지방산인 리놀레산(linoleic acid), 리놀렌산(linolenic acid), 아라키돈산(arachidonic acid)을 말하여 이들은 체내에서 합성할 수 없는 필수지방산이다. 그러나 아리키돈산은 생체 내에서 리놀레산과 리놀렌산으로부터 합성될 수 있다. 이들 지방산의 필요량은 다른 비타민보다 많으므로 최근에는 비타민 F라기보다 필수지방산이라고 부르는 경우가 많다.

비타민 F는 모세혈관의 저항성을 높이고 고혈압 원인의 하나인 혈관중의 콜레스테롤(cholesterol)을 용해, 유출시키므로 혈압강하작용이 있다. 이것은 대부분 콩기름, 옥수수기름 등 식물성 기름에 많이 함유되어 있다.

## 4. 수용성 비타민(water soluble vitamin)

수용성 비타민은 기름에는 잘 녹지 않고 물에 비교적 잘 녹는 성질을 갖는 비타민으로 비타민 B군[$B_1$, $B_2$, $B_6$, $B_{12}$, 니아신(niacin), 판토텐산(pantothenic acid) 등], 비타민 C, L, P 등이 있으며 그 생리작용과 결핍증은 표 10-6과 같다.

**표 10-6** 수용성 비타민의 생리작용과 결핍증

| 명령 | 생리 작용 | 결핍증 | 식품 |
|---|---|---|---|
| $B_1$ | 탄수화물의 대사 촉진. 소화기능 자극, 신경기능 조절 | 피로, 권태, 신경통, 식욕부진, 각기병 | 두류, 쌀겨, 굴 |
| $B_2$ | 발육 촉진, 산화환원 반응에 작용, 입 안의 점막 보호 | 발육저해, 구강염, 위장장애 | 간, 우유, 감자 |
| $B_6$ | 단백질 대사에 작용, 피부질환, 빈혈증상에 효과, 지방합성에 관여 | 피부염, 습진, 기관지염 | 효모, 두류 |
| $B_{12}$ | 증혈작용, 성장촉진 작용 | 악성빈혈, 간장질환 | 육류, 우유 |
| 엽산 | 항빈혈작용, 성장촉진 | 빈혈 | 간, 견과류, 채소 |
| 니아신 | 탄수화물 대사촉진, pellagra 피부염 예방 | pellagra | 육류, 간, 땅콩 |
| 판토텐산 | 체조직의 기능을 정상으로 유지 | 피부염 | 두류, 간, 효모 |
| 비오틴 | 지질형성과 에너지 생성에 관여 | 피부염, 모발손상 | 간, 효모, 난황 |
| C | 체내의 산화환원에 관여, 세포질 성장을 촉진하는 단백질 대사에 작용 | 괴혈병, 잇몸출혈, 전염병에 걸리기 쉽다. | 채소, 과일 |
| P | 혈관의 저항력을 강하게 하며, 혈관의 삼투압을 정상으로 유지 | 자반병, 신장염 | 감귤, 메밀 |

### 1) 비타민 $B_1$(thiamine)

비타민 $B_1$은 티아민(thiamine)이라고도 하며 백색결정형 물질로서 물에 용해된다. 체내에서 영양소의 산화과정 즉, 에너지 대사과정에 관여한다. 포도당은 세포내에서 여러 단계의 반응과정을 거쳐 점진적으로 분해 되는데 이 분해과정에서 에너지가 유리된다. 포도당의 분해는 특정 효소의 촉매 하에 단계별로 이루어지며, 비타민 $B_1$으로부터 합성된 조효소 복합체가 이 반응에 참여한다.

현미에는 비타민 $B_1$이 풍부하게 들어있으나 사람들이 흔히 섭취하는 백미에는 거의 없다. 비타민 $B_1$은 동, 식물계에 널리 분포되어 있으며, 일반적으로 식물성 식품에 많이 함유되어 있다. 두류, 곡류에 특히 많으며, 곡류에는 배아와 겨 등, 동물성 식품에서는 근육질보다 간장, 내장 등에 많고 어류, 달걀노른자. 우유, 어패류(대합, 민물조개, 새우, 바지락조개), 돼지고기 등에 많다. 고기는 구울 때 비타민 $B_1$이 40% 가량이 손실되며, 빵은 굽는 과정에서 25% 가량의 비타민 $B_1$이 파괴된다.

**표 10-7** 식품 중의 비타민 $B_1$ 함량(mg/100g)

| 식품 | 함량 | 식품 | 함량 |
|---|---|---|---|
| 밤콩 | 0.70 | 밀가루 | 0.28 |
| 흰콩 | 0.60 | 돼지고기 | 0.95 |
| 참깨 | 0.50 | 굴 | 0.51 |
| 밤 | 0.45 | 쇠간 | 0.30 |
| 보리쌀 | 0.40 | 꽁치 | 0.25 |

## 2) 비타민 $B_2$(riboflavin)

비타민 $B_2$는 리보플라빈(riboflavin)이라 부르며 황색 침상의 결정으로 수용성 물질이다. 비타민 $B_2$의 체내 기능은 티아민(thiamin)과 유사하다. 즉, 체내에서 포도당이 산화되어 에너지를 유리하는 과정에 참여하는 효소체계의 한 구성성분이 된다.

비타민 $B_2$는 동, 식물계에 널리 분포되어 있으며, 동물에는 간, 우유, 달걀흰자, 치즈 등에 많고 식물에는 감자, 녹색채소류, 효모 등에 들어있다. 비타민 $B_2$는 산이나 산화에 안정하고 열에 대해서도 비교적 안정하다. 따라서 보통의 가열조리에서는 내부분 그대로 남게되나 수용성이므로 수세에 의한 손실에 주의해야 한다. 비타민 $B_2$는 빛에 약하다. 비타민 $B_2$의 주요 공급식품인 우유를 직사광선에 방치하였을 때 매 시간당 약 10%씩 비타민 $B_2$가 파괴된다.

**표 10-8** 식품 중의 비타민 $B_2$ 함량(mg/100g)

| 식품 | 함량 | 식품 | 함량 |
|---|---|---|---|
| 김 | 1.50 | 상 추 | 0.28 |
| 표고버섯 | 1.23 | 검정콩 | 0.23 |
| 굴 | 0.40 | 계 란 | 0.30 |
| 시 금 치 | 0.38 | 쌀 | 0.05 |
| 무 청 | 0.30 | 우 유 | 0.15 |

### 3) 니아신(niacin)

니아신(niacin)은 니코틴산(nicotinic acid)이라고도 부르며 흰색 결정체로 물에 용해된다. 니아신은 비타민 $B_1$, 비타민 $B_2$와 마찬가지로 체내에서 포도당이 산화되어 에너지를 유리하는 과정에 참여하는 효소체계의 한 구성성분이다. 니아신은 인체 내에서는 필수아미노산인 트립토판(tryptophan)으로부터 전환되기도 한다. 트립토판 60mg으로부터 니아신 약 1mg이 전환된다.

체내에서 니아신의 필요량은 식품에서 섭취한 니아신 뿐만 아니라 전구체인 트립토판이 함유된 식품의 섭취 정도에 따라서도 달라진다. 그러므로 현재는 니아신 당량(NE : niacin equivalent)이라는 말을 만들어 사용하고 있다. 체내에서 트립토판이 니아신으로 전환되는 율을 고려하여 트립토판 60㎎을 1NE로 계산한다.

니아신은 식품 중에 광범위하게 분포되어 있으며 특히, 육류, 간, 효모, 땅콩 등에 많이 함유되어 있다. 계란과 우유에는 니아신의 함량은 적으나 트립토판의 함량이 많으므로 니아신의 효과가 있다. 니아신은 열에 대하여 안정하기 때문에 가열조리에 의해서도 파괴가 적다. 그리고 산, 알칼리, 빛, 산화제 등에도 안정하며 비타민B 복합체 중에서 산화나 가열에 대한 내성이 가장 크다.

표 10-9 식품 중의 트립토판 함량과 NE

| 식 품 | 양 | 트립토판 함량(mg) | 니아신 당량(NE) | 니아신 함량(mg) |
|---|---|---|---|---|
| 쇠고기 | 84g | 194 | 3.2 | 5.1 |
| 우 유 | 1컵 | 113 | 1.9 | 0.2 |
| 달 걀 | 1개 | 97 | 1.6 | 0.03 |
| 오렌지 | 1개 | 5 | 0.1 | 0.5 |

### 4) 엽산(folic acid)

엽산(folic acid)은 황색결정으로 식물의 잎(folium)에 들어있다는 뜻에서 엽산이라고 하며 미국에서는 폴라신(folacin)이라고도 한다. 엽산은 핵산과 아미노산 대사에 중요한 역할을 하며 적혈구의 형성에도 참여하는 등 여러 기능을 수행한다.

엽산은 동, 식물성 식품에 광범위하게 분포되어 있으며 특히 간, 푸른색 채소, 견과류 등에 들어있다. 일상의 조리과정에서 엽산은 쉽게 손실된다. 조리용액에 용출되기도 하며 열에 의하여 파괴되기도 하는데 특히, 산소와 알칼리 존재 시 많이 파괴된다. 푸른잎 채소류를 끓이면 상당량의 엽산 파괴가 수반된다.

표 10-10 식품 중의 엽산 함량(μg/100g)

| 식 품 | 함 량 | 식 품 | 함 량 |
|---|---|---|---|
| 오렌지 | 45.0 | 우 유 | 8.5 |
| 달 걀 | 30.0 | 닭고기 | 7.0 |
| 시금치 | 29.0 | 치 즈 | 6.0 |
| 바나나 | 27.0 | 쇠고기 | 3.0 |
| 빵 | 17.0 | 사 과 | 2.0 |

### 5) 비타민 $B_6$(pyridoxine)

비타민 $B_6$는 피리독신(pyridoxine)이라고도 한다. 비타민 $B_6$는 체내에서 수많은 효소 반응에 관여하는데, 그 중에서도 단백질 합성에 참여한다. 비타민 $B_6$는 자연식품에 널리 분포되어 있을 뿐만 아니라 인체 내에서는 장내 세균에 의해 합성되므로 실제로 비타민 $B_6$의 결핍증은 거의 나타나지 않는다.

비타민 $B_6$를 많이 함유하는 식품으로는 간, 흰살생선, 콩류, 가금류, 견과류 등이 있다.

### 6) 비타민 $B_{12}$(cobalamin)

비타민 $B_{12}$는 구조가 상당히 복잡하며 이름에서도 알 수 있듯이 코발트(Co) 원소를 분자 내에 가지고 있는 특이한 구조를 가지고 있다. 비타민 $B_{12}$는 체내에서 혈액 중의 단백질과 결합하여 이용되며 악성빈혈을 방지하고, 단백질의 영양효율을 높이고 핵산생성에도 관여한다.

비타민 $B_{12}$는 일반적으로 식물성 식품보다는 동물성 식품인 간, 육류, 어류, 우유 등에 많이 함유되어 있다. 비타민 $B_{12}$는 열에는 안정하나 광선과 산, 알칼리 용액에서는 서서히 파괴된다. 보통 조리과정에서의 손실률은 약 30%이다.

비타민 $B_{12}$는 섭취 부족으로 인한 결핍증은 거의 볼 수 없으나, 극단적인 채식주의자들에게서는 찾아 볼 수 있다.

### 7) 비오틴(biotin)

비오틴(biotin)은 비타민 H라고도 한다. 비오틴은 백색결정으로 열, 산, 광선에는 안정하나 알칼리와 산화에 의해 실효된다. 비오틴은 체내에서 지방산의 합성과 산화작용, 탄수화물과 아미노산의 대사에 관계한다. 비오틴은 달걀흰자 중의 당단백질인 아비딘(avidin)과 결합하면 불용성 물질로 되어 흡수, 이용되지 못하지만 달걀흰자를 가열하면 아비딘이 변성되므로 달걀을 익힐 경우 이러한 염려는 없게 된다.

비오틴은 거의 모든 종류의 식품에 함유되어 있으며 특히 달걀노른자, 간, 우유에 많이 있다. 장내 세균에 의해 합성이 가능하기 때문에 사람에게 비오틴의 결핍증은 거의 일어나지 않는다.

## 8) 판토텐산(pantothenic acid)

판토텐산(pantothenic acid)은 어느 곳에서나 존재한다는 뜻의 그리스어인 판토스(panthos)에서 유래한 이름이다. 판토텐산은 당질과 지질의 에너지 대사과정에 관여하는 효소체계의 필수성분이다.

판토텐산은 식품 중에 널리 분포되어 있는데 특히 간에 많고 알, 두류, 채소 등에도 많이 함유되어 있다. 판토텐산은 장내 세균에 의해 합성되고 식품전반에 널리 분포되어 있기 때문에 사람에게서는 결핍증이 거의 일어나지 않는다.

## 9) 비타민 C(L-ascorbic acid)

비타민 C는 아스코르브산(ascorbic acid)이라고도 부르며 무색결정체로 물에 매우 잘 용해되며 수용액은 신맛을 갖는다. 비타민 C는 체내에서 결체조직의 주요 단백질인 콜라겐(collagen)의 형성에 관여하며 소장에서는 철분의 흡수를 도와준다. 동물 가운데 사람, 원숭이, 기니피그 같은 비교적 소수의 종만이 비타민 C를 식이섭취하여야 한다. 그 이외의 동물들은 체내에서 포도당을 활용하여 비타민 C를 합성한다.

비타민 C는 거의 식물성 식품에만 들어 있으며 그 중에서도 신선한 채소, 과일에 많고 동물성 식품과 곡류에는 거의 없다. 식물의 조직 중에는 비타민 C의 산화효소(ascorbate oxidase)가 들어 있는데 이 산화효소는 생체 조직 내에서는 그 작용이 억제되지만 일단 조직이 파괴되면 곧 작용하여 비타민 C를 산화, 분해한다. 특히 이 산화효소는 호박, 당근, 오이 등에 많이 존재하며, 조리과정에서 쉽게 파괴된다. 또한 비타민 C는 수용성물질이기 때문에 조리용액으로 용출되어 손실되기도 하며 알칼리성 용액, 높은 온도, 일광에의 노출, 아연, 철, 특히 구리 같은 미량 원소 등은 비타민 C의 산화를 촉진시킨다.

과일은 채소에 비하여 조리조작에 의한 비타민 C의 손실량이 적은데 왜냐하면 과일에는 대개 산이 포함되어 있어 산화파괴가 억제되기 때문이다. 조리에 따른 과일의 비타민 C의 파괴량은 평균 10%에 불과하다.

과일과 채소류의 비타민 C의 손실량을 최소한으로 줄이기 위한 주의 사항과 식품 중의 비타민 C의 함량은 다음과 같다.

**표 10-11** 과일과 채소류의 비타민 C 손실량을 최소화하는 방법

| 권장 사항 | 이 유 |
|---|---|
| 1. 서늘하고 어두운 곳에 보관한다.<br>1. 과일과 채소가 상처나지 않도록 보관한다.<br>1. 조리직전에 다듬는다.<br>1. 철로 만든 칼이나 분쇄기 대신 스테인레스 칼을 사용한다.<br>1. 푸른채소를 조리할 때 중조를 사용하지 않는다. | 1. 열과 빛은 산화를 촉진시킨다.<br>1. 상처가 나면 효소가 유리된다.<br>1. 자르면 효소가 유리된다.<br>1. 철은 비타민 C의 산화를 촉진시킨다.<br>1. 알칼리 용액에서는 산화가 촉진된다. |

**표 10-12** 식품 중의 비타민 C의 함량(mg/100g)

| 식 품 | 함 량 | 식 품 | 함 량 |
|---|---|---|---|
| 시금치 | 65 | 배 추 | 28 |
| 딸 기 | 52 | 콩나물 | 16 |
| 무 청 | 50 | 감 자 | 15 |
| 귤 | 40 | 쌀 | 0 |
| 부 추 | 40 | 식물성유 | 0 |

### 10) 비타민 P

비타민 P는 감귤류의 과피에 들어 있는 헤스페리딘(hesperidin)과 메밀, 아스파라거스에 함유되어 있는 루틴(rutin)을 말한다. 수용성 비타민으로서 담황색이다.

비타민 P는 모세혈관의 강화작용을 하므로 부족 시 발생할 수 있는 뇌출혈, 피하출혈, 혈관성 자반(紫斑)병, 빈혈 등을 예방한다.

감귤류, 메밀 등에 많이 함유되어 있다.

제 11 장

# 미량성분 함유식품과 조리

채소류는 약 800여종이 전 세계에 분포되어 있으며, 처음에는 야생의 것을 채취하여 식용하다가 정착생활을 하면서 재배되기 시작하였다.

채소류는 평균 약 80~90%의 수분을 함유하고 있고, 1~3%의 단백질, 2~10%의 당질, 0.1~0.5%의 지질을 함유하고 있으며, 무기질과 비타민의 함량은 비교적 높은 편이다. 따라서 채소류는 에너지 급원으로서는 거의 이용되지 않는다.

채소류는 다양한 색채, 풍미, 향기 등을 가져 아름다우며 식욕을 향상시키는 역할을 하는 초본(草本, 뿌리식물)식물이다. 그러나 채소류가 함유하고 있는 무기질과 비타민 그리고 색소, 향기 성분들은 조리과정에서 쉽게 변하거나 손실되기 때문에 취급과정에서 조심해야 한다.

# 1. 채소류

## 1) 채소의 분류

채소는 일반적으로 식용으로 사용하는 부위에 따라 엽채(葉菜), 경채(莖菜), 근채(根菜), 과채(果菜), 화채(花菜) 등으로 분류한다.

### (1) 엽·경채(葉莖菜)

채소류 중에서 가장 채소다운 채소라 할 수 있으며 잎을 식용으로 하는 채소(엽채)는 줄기(경채)도 함께 식용으로 하는 경우가 많으므로 엽경채라 부르는 것이 합당하다.

① 수분과 섬유소의 함량이 높다.

② 무기질, 비타민이 많으며 특히 푸른색이 짙을수록 비타민 A의 함량이 많다.

③ 저장 시에는 신선도와 질의 저하가 다른 채소에 비하여 심하다.

④ 시금치, 양배추, 배추, 상추, 미나리 ,쑥갓 등

#### (2) 근채류(根菜類)

근채류는 뿌리 또는 뿌리에 해당되는 부분을 식용으로 하는 채소를 말한다.

① 다른 채소에 비해 수분함량이 적고 당질(glucoside) 함량은 높다.

② 저장온도와 습도를 조절하면 다른 채소에 비해 저장성이 좋다.

③ 감자, 고구마, 토란, 당근, 무, 파, 양파, 마늘 등

#### (3) 과채류(果菜類)

과채류는 열매를 식용으로 하는 채소를 말한다.

① 수분과 당분함량이 많고 색이 아름답다.

② 강수량, 일조량 등에 영향을 받는다.

③ 수박, 참외, 토마토, 오이, 고추, 가지 ,호박 등

#### (4) 화채류(花菜類)

화채류는 꽃을 식용으로 하는 채소를 말한다.

① 채소류 중에서 비타민 C가 가장 풍부하다.

② 수분, 섬유소의 함량이 높고 단백질 함량은 낮다.

③ 브로콜리, 콜리플라워, 원추리 꽃 등

### 2) 채소류의 주요 구조

#### (1) 펙틴질(pectic substance)

펙틴질은 식물체의 잎, 뿌리, 구근, 열매, 껍질 등 모든 곳에 함유되어 있으며 식물 조직의 세포와 세포 사이, 셀룰로오스(cellulose)와 헤미셀룰로오스(hemicellulose)를 붙여주는 벽돌 사이의 시멘트와 같은 접착제 역할을 한다.

#### (2) 세포질

세포질은 젤리와 같이 말랑한 상태로 그 내부 물질들인 핵, 색소체, 액포 등이

자유롭게 이동할 수 있다.

녹색채소에는 엽록체가 있으며 감자나 곡류 등에는 백색체가 있어 전분을 저장한다.

#### (3) 세포간의 공간

세포가 모여 조직을 형성하려면 자연히 공간이 생기게 되고 그 공간은 공기로 가득 차있다. 이 공간은 광선을 반사하므로 색소가 없는 식물을 흰색으로 보이게 하고 과일을 물에 넣었을 때 공간이 많은 사과 등을 위로 뜨게 한다.

### 3) 채소류의 성분

채소류에는 비타민(vitamin)과 무기질(mineral)이 풍부하게 들어있고 섬유질이 많아 소화가 잘되며 정장작용을 한다.

채소는 알칼리성 물질인 옥살산(oxalic acid), 알카로이드(alkaloid), 탄닌(tannin), 호모젠티신산(homogentisinic acid) 등을 함유하고 있고 이 물질들이 채소의 쓴맛, 아린맛, 떫은맛 등을 낸다.

채소를 데친 후 바로 찬물에 헹구어야 하는 것은 급랭을 시킴으로써 열에 의한 변색을 방지하기 위한 것과 남아있는 쓰고, 떫은 맛성분 제거, 아스코르브산(ascorbic acid)의 파괴를 방지하기 위함이다.

- homogentisinic acid … 죽순, 토란의 아린맛 성분
- allicin … 마늘의 냄새, 강한 살균력

### 4) 채소류의 조리 시 변화

#### (1) 질감의 변화

조리에 의하여 전분입자가 호화됨으로써 질감이 부드러워지고 섬유소가 연화된다. 알칼리 물질을 첨가하면 섬유소가 연해지지만 산성물질은 섬유소를 질기게 한다.

### (2) 펙틴질(pectic substance)의 변화

가열에 의해 세포와 세포를 결착시키고 있던 펙틴질이 분해 또는 용해되어 세포간의 결합력을 잃게 됨으로 조직이 연화된다.

### (3) 맛과 향기의 변화

채소류의 휘발성 향미성분은 데치거나, 찔 때에 뚜껑을 열고 조리를 하면 휘발을 한다. 그러므로 성분을 보존하려면 채소가 익을 수 있을 정도의 적은 양의 물을 붓고 뚜껑을 덮어서 조리하여야 한다.

이는 많은 양의 물을 이용하여 조리를 하면 용해성의 맛 성분, 유기산, 무기질 등의 용출로 인하여 맛, 영양소, 향기 등의 손실이 크기 때문이다.

### (4) 무기질의 변화

채소류에는 수용성인 무기질의 함량이 많다. 이러한 성분들은 채소를 잘라 단면이 물에 노출되면 많은 양의 손실을 가져온다. 손실되는 양은 단면이 많을수록, 물에 접촉하는 시간이 길수록 커진다. 따라서 채소는 되도록 씻은 후에 조리조작을 하는 것이 좋다.

### (5) 단백질, 지질, 당질의 변화

가열조리 시 채소류의 영양소의 잔존률은 대략 단백질 80%, 지질 80%, 당질 75% 정도이다.

조리한 물에는 상당량의 당이 들어 있는데 물이 증발하면 갈색화(caramelization)가 일어나 채소의 색이 변할 수 있다. 또한 조리하는 물에 용출되는 유리 아미노산은 맛 성분을 가진 아미노산으로 손실이 크다.

### (6) 비타민의 변화

① 카로텐(carotene) : 물에 녹지 않고 상당히 안정하므로 조리에 의한 손실은

크지 않다. 산소와의 접촉이 큰 경우 손실은 많아진다.

② 비타민 $B_1$, $B_2$, 니아신(niacin) : 수용성이라 물에 용출은 되지만 가열에 의한 파괴는 거의 없다.

③ 비타민 C : 수용성으로서 산화되기 쉽고 열에 의해서도 분해되기 쉬워 조리 시 가장 불안정한 비타민이다.

### (7) 색의 변화

① 클로로필(chlorophyll)

엽록소인 클로로필은 식물이 녹색을 띠는데 중요한 역할을 하는 색소이다. 녹색채소에는 녹색색소인 엽록소(chlorophyll)와 등황색색소인 카로티노이드(carotenoid)계 색소가 있다.

이들 색소는 지용성이므로 조리하는 물에 용출될 염려는 없다.

식물의 잎에 엽록소가 카로티노이드계 색소보다 많으면 녹색을 띠지만 카로티노이드계 색소가 많아지면 황색으로 변한다. 해조류에서도 이들의 배합 및 함유량에 따라 녹조류, 갈조류 및 홍조류로 구분한다.

카로티노이드계 색소는 산이나 알칼리용액에서 변색하지 않을 뿐 아니라, 가열을 하여도 파괴되지 않는다. 그러나 엽록소는 산이나 알칼리에 의해 또는 가열에 의하여 청록색이나 녹황색으로 변한다. 채소를 끓는 물에 데치면 채소 조직 내의 공기가 빠져나가 클로로필 색소가 표면화됨으로써 더욱 선명한 녹색을 띤다. 채소를 건조, 냉동하려할 때 변색을 막기 위해 데치는 경우도 있다. 이는 식물조직에 분포되어 있는 엽록소분해효소(chlorophyllase)를 불성화시키기 위해서이다.

② 카로티노이드(carotinoid)계 색소

물에 녹지 않으나 기름에 녹고 열에 비교적 영향을 받지 않고 조리에 사용하는 정도의 약산과 약알칼리에는 파괴되지 않는다. 그러나 공기 중의 산소나 산화효소 등으로 산화되어 퇴색하고 햇빛은 산화를 촉진시킨다.

당근, 호박, 고구나, 옥수수 등에 존재하는 황색 및 적색이 카로티노이드계 색소이다.

③ 플라보노이드(flavonoid)계 색소

플라보노이드계 색소는 흰색 또는 연한 황색을 띠는 색소로 산성에서는 흰색을 유지하지만 알칼리용액에서는 황색을 띤다.

밀가루에 중조를 첨가하여 빵, 국수, 튀김 등을 만들면 황색이 되고 양파, 양배추, 감자, 고구마 등에 들어있다.

## 5) 채소의 조리

채소류의 조리는 크게 생식조리와 가열조리로 나눌 수 있다.

### (1) 생식조리

생식은 채소류가 지닌 맛, 향기와 아삭한 질감을 살리고 영양성분의 손실을 최소로 하는 조리법이다. 채소류는 특히 재료의 신선도가 맛을 결정하는데 매우 중요하므로 신선할수록 좋으며 위생적으로 다루어야 한다. 오래 저장한 채소는 질겨지기 때문에 생식하기에는 적합하지 않다.

씻을 때에는 세포조직에 상처가 나지 않도록 하여 풍미와 영양성분의 손실을 최소화하여야 한다. 채소를 물 또는 묽은 소금물에 담그면 원래 세포액의 식염농도가 0.85% 정도이므로 세포막의 반투성에 의한 삼투압현상으로 세포내로 물 또는 묽은 소금물이 이동하여 세포가 팽창된 상태로 되면서 아삭아삭한 맛이 증가된다.

그러나 이때 수용성 영양성분이 용출될 수 있으므로 너무 오래 담가두지 않도록 해야 한다.

### (2) 가열조리

채소류 중에서 너무 단단하거나, 약미성분 등이 강하여 생식으로 하기에 적당하지 않을 때 가열을 하면 조직이 연해지고 불미성분이 제거되며 조미료 등이 침투되기 쉬워지고 소화성도 좋아진다.

가열조리법에는 데치기, 삶기, 볶기, 튀김, 찜 등 여러 가지 방법이 있다. 그러나 가열조리방법에서는 수용성 성분이 용출되는 등 영양성분과 향미의 손실도 함께 일어나는 단점이 있다.

① 데치기

채소류 중에서 엽채류 조리에 가장 많이 이용하는 방법으로 데칠 때 물의 양은 채소중량의 4~5배 정도로 하고, 소금은 1~2% 정도를 넣어 뚜껑을 덮지 않고 데친 다음 즉시 냉수에 씻어 건진다.

그럼으로써 데칠 때 문제가 되는 클로로필(chlorophyll)색소의 유지와 수용성 영양성분의 손실을 최대한 방지할 수 있다. 냉동채소를 가열할 때는 가열시간을 짧게 한다.

② 삶기

삶기는 비타민 C, 무기염류 등의 수용성 영양성분의 손실이 많은 조리방법이다. 끓이는 시간, 뚜껑의 사용여부, 물의 양 등이 영양성분의 손실에 영향을 미친다.

처음부터 채소를 넣고 삶는 것보다 같은 크기로 썰어 끓는 물에 넣고 단시간에 조리하는 것이 좋다.

③ 찜

채소류는 자체의 수분만으로도 잘 쪄지므로 다른 조리법보다 수용성 영양성분의 손실은 적으나 조리시간이 많이 걸리므로 비타민의 파괴는 피할 수 없다. 따라서 보통 냄비로 찌는 것보다 가압냄비를 이용하면 조리시간을 줄일 수 있다.

④ 볶기 / 튀기기

채소류를 기름으로 볶거나, 튀기면 조리시간이 짧으므로 영양성분의 손실이 적다.

볶기 조리에 있어 채소는 작은 크기로 썰어서 사용하여야 하므로 단면이 많아지고 그에 따른 영양성분의 산화와 열에 의한 파괴가 많다.

시금치, 양파 등을 볶는 경우 비타민 C는 약 80~90%가 남는다. 또한 고구마,

감자, 당근 등을 튀김한 경우 비타민 $B_1$은 약 10% 정도가 파괴된다.

## 2. 과일류

과일은 아름다운 색과 모양을 갖고 있으며 85~90% 이상이 수분이고 포도당(glucose), 과당(fructose), 자당(sucrose) 등의 당분과 사과산(malic acid), 구연산(citric acid) 등의 유기산이 풍부하여 단맛과 상쾌한 신맛 등으로 식욕을 촉진시킨다. 그러나 과일은 수분을 많이 함유하므로 저장하기 어려운 단점이 있다.

성숙한 과일은 미숙과에 비해 당분의 함량이 많으며 귤, 사과, 딸기 등은 다른 과일보다 비타민 C의 함량이 높다.

과일을 차게 하면 단맛이 훨씬 강한 $\beta$형의 과당으로 변하기 때문에 냉장고에서 꺼낸 과일이 더 달고 맛있게 느껴진다.

### 1) 과일의 분류

과일은 과육의 발달된 형태에 따라 인과류(仁果類), 핵과류(核果類), 장과류(漿果類), 견과류(堅果類) 등으로 분류한다.

① 인과류(kernel fruit) : 꽃턱이 발달하여 성장한 것이며, 씨방 안에 씨가 있고 과일의 배꼽과 꼭지가 반대편에 달려있다.
사과, 배, 감 등

② 핵과류(stone fruit) : 씨방이 발달한 것으로 속에 씨가 있다.
복숭아, 자두, 대추 등

③ 장과류(berries fruit) : 꽃턱이 주머니 모양이며 중과피와 내과피가 부드럽고 즙이 많은 육질을 가지며 그 속에 씨가 있다.

포도, 무화과, 딸기, 바나나 등

④ 견과류(nut fruit) : 흡수된 영양분이 종자 내의 저장기관에 모여서 발달한 부분을 식용으로 하는 외피가 마르고 단단한 과실이다.
밤, 호두, 은행 등

### 2) 과일성분의 특성

#### (1) 펙틴질(pectic substance)

펙틴질(pectic substance)은 세포벽의 섬유소와 헤미셀룰로오스가 싸여 있는 사이에 존재한다. 펙틴질은 또한 세포와 세포 사이에 있으면서 세포들을 서로 붙여주는 역할도 한다.

펙틴질 중에서 펙틴은 산과 당의 존재 하에 겔(gel)을 형성한다. 이 방법을 이용하여 잼이나 젤리 등을 만들며, 사과와 감귤류는 특히 펙틴질 함량이 높기 때문에 펙틴질의 급원으로 사용된다.

프로토펙틴은 덜 익은 과일에 존재하며, 물에 불용성이지만 과일을 가열하면 프로토펙틴이 용해성인 펙틴으로 분해되기 때문에 조직이 물러지게 된다.

#### (2) 색소

과일류의 색소는 세포 내의 엽록체에 존재하는 지용성의 녹색인 엽록소(chlorophyll)와 등황색의 카로티노이드(carotenoid)계 색소가 있으며 세포 내의 액포에 존재하는 수용성의 플라보노이드(flavonoid)계 색소인 안토시아닌류(anthocyanin)과 안토잔틴(anthoxanthin)류의 색소가 있다.

#### (3) 향기

과일의 향긋한 냄새는 휘발성 화합물의 복합으로 생기며, 각 과일에 불안정한 상태로 소량씩 함유되어 있다.

### (4) 유기산

과일의 액포에는 여러 종류의 유기산이 함유되어 있어 향기와 맛을 주는 성분이 되고 있다.

구연산(citric acid), 사과산(malic acid), 주석산(tartaric acid), 안식향산(benzoic acid) 등으로 pH 2.0~4.0 정도이다. 산의 함량이 가장 많은 과일은 라임(lime), 레몬(lemon)의 pH 2.0~2.2이며 가장 적은 것은 수박의 pH 6이다.

따뜻한 지방보다 추운 지방에서 생산된 것이 산이 많고 오래 저장할수록 산이 감소한다.

### (5) 단백질, 지질, 무기질

과일에는 지질이 0.3%, 무기질 0.4~0.8%, 단백질은 아주 적은 양이 함유되어 있다. 그러나 아보카도(avocado)에는 지질이 25%, 호두에는 60%나 있다.

### (6) 갈변 작용

사과, 배, 바나나와 같은 과일의 껍질을 벗기거나 잘라서 공기 중에 노출시키면 갈색으로 색이 변한다. 이것을 갈변작용(browning)이라고 한다.

이러한 갈변현상을 방지하는 데는 효소작용 억제와 산소와의 접촉방지 등의 방법이 있다.

#### ① 효소작용 억제

효소는 열에 약하므로 가열처리로 활성을 파괴한다.

소금이나 산을 첨가한 수용액에 담가 효소의 작용을 억제한다.

철제로 만들어진 칼은 사용하지 않는다.

#### ② 산소접촉 방지

진한 설탕물에 담그거나 통조림 등을 이용한다.

과일의 자른 면에 설탕을 묻히거나 비타민C 용액에 담근다. 비타민C는 강력한 산화제로 갈변작용을 억제 한다.

### 3) 과일의 조리 시 변화

#### (1) 질감의 변화

과일을 구성하고 있는 섬유소의 양과 특성에 의해서 독특한 질감을 가진다. 과일을 가열하면 원형질막이 변성되어 반투성이 없어진다. 이로 인하여 물과 용질이 원형질막을 통과하는 일은 삼투압현상이 아닌 확산에 의해서만 이루어진다.

과일에 물을 넣고 가열하면 과일의 조직에 함유되어 있던 물의 일부가 조리하는 물로 스며 나오고, 액포에 존재하던 용질의 일부도 확산되어 나온다. 이로 인하여 과일의 조직은 느슨해진다.

가열을 하였거나 시든 조직은 액포에 함유되어 있던 수분을 잃었기 때문에 다시 팽팽하게 되지 않는다. 또한 세포들 사이에 존재하던 공기는 빠져나가고 그 자리에 물이 차기 때문에 가열된 과일은 생과일보다 투명하다.

#### (2) 조직의 변화

과일은 가열에 의해 조직이 연해지는데 이것은 과일의 세포와 세포 사이를 접착시키고 있던 거대한 분자를 가진 불용성인 프로토펙틴(protopectin)이 가열에 의해 용해성의 펙틴질(pectic substance)로 변하면서 용해되어 세포간의 접착을 약하게 만들었기 때문이다.

진한 설탕물에 과일을 넣고 가열하면 설탕이 펙틴질의 용해를 저해하기 때문에 과일조직의 연화가 지연된다. 그러므로 먼저 물을 끓여서 과일의 조직을 연화시킨 후 설탕을 첨가하여야 한다.

#### (3) 색의 변화

과일 색소 중 안토시아닌(antocyanin)류 색소는 산성용액에서는 적색, 알칼리용액에서는 청색 등을 나타내거나 가열하면 적색을 잃는다.

냉장 처리된 적색과일은 급히 가열하면 퇴색하는데 이는 서서히 가열함으로써 세포의 호흡에 필요한 산소를 완전히 소비시킴으로써 선명한 적색을 보존할 수 있다.

#### (4) 향기의 변화

과일의 향을 내는 것은 당, 휘발성인 유기산과 그 에스테르(ester) 화합물이므로 오래 가열하면 과일 자체의 향이 약하게 되거나 잃게 된다. 그러므로 많은 양의 과일은 일시에 조리하는 것보다 소량씩 하는 것이 향의 변화가 적다.

#### (5) 영양소의 변화

과일에는 비타민 C를 파괴하는 효소(ascorbinase)가 존재하므로 과일을 으깨거나 잘게 썰면 효소가 더욱 활성화되어 비타민 C의 산화파괴율이 증가한다.

### 4) 과일의 조리

과일은 생식을 하는 경우가 많지만 펙틴질(pectic substance)의 함량이 많은 것은 젤리(jelly)나 잼(jam) 등으로 이용하는 경우가 많다.

#### (1) 젤리(jelly)

충분한 펙틴질과 유기산을 함유한 과일즙에 적당한 농도의 설탕을 첨가시켜 만든다.

사과, 포도, 자두 등은 펙틴질과 산의 양이 많아 젤리로 만들기에 적합하지만, 딸기, 복숭아와 같이 산이 부족한 과일은 레몬이나 오렌지 등과 같이 산이 많은 과일을 첨가함으로써 젤리로 만들 수 있다.

#### (2) 프리저브(preserve)

프리저브는 과일의 형태를 남게 하여 시럽에 넣고 조려서 연하고 투명하게 만든 것으로 잼(jam)보다 고급품으로 여긴다.

체리, 무화과, 복숭아, 앵두, 자두 등이 많이 사용된다.

(3) 잼(jam)

과일을 으깨서나 잘게 다진 후 설탕을 넣고 농축한 것으로 젤리(jelly)는 과즙만 사용하지만 잼(jqm)은 과일 전체를 사용하기 때문에 불투명하다.

(4) 마멀레이드(marmalade)

마멀레이드는 젤리와 같은 바탕에 과육의 얇은 조각이나 과일의 껍질을 잘게 썬 것이 섞여있는 것이다. 마멀레이드를 만들 때는 먼저 과일과 물을 넣고 끓인 후 설탕을 넣고 끓여 병에 넣어 밀봉하여 저장한다.

마멀레이드는 오렌지, 레몬, 감귤류 등으로 만들며 여러 가지 과일을 섞어서 만들 수도 있다.

## 3. 해조류

해조류는 물속에서 모래나 바위에 부착하여 뿌리를 내리고 엽록소에 의하여 영양소를 합성하여 성장 번식하는 하등 식물이다.

해조류는 소화율이 낮아서 열량원으로서의 가치는 없지만, 섬유질이 많아 다이어트식품으로 이용되며, 정장작용의 기능이 있다.

### 1) 해조류의 분류

해조류에는 녹색을 가진 클로로필(chlorophyll), 황색을 가진 카로티노이드(carotenoid)계 색소, 적색을 가진 피코빌린(phycobilin) 색소 등이 함유되어 있으며 이 색소들의 배합에 따라 색이 달라진다.

해조류는 지상의 식물처럼 광합성에 의하여 생활하므로 햇빛을 받을 수 없는 깊은 바다부터 홍조류, 갈조류, 녹조류의 순서로 자라고 있다. 따뜻한 바닷물에서 잘 자라는 홍조류는 남해안에서 많이 생산되며, 찬물에서 더 잘 자라는 갈조류는 동해안에서 주로 생산된다.

① 홍조류(red algae) : 김, 우뭇가사리, 감태 등
② 갈조류(brown algae) : 다시마, 미역, 톳 등
③ 녹조류(green algae) : 파래, 청각 등

## 2) 해조류의 조리

### (1) 김(laver)

김은 인류가 이용한 해조류 중에서 가장 오래된 것이며 비타민과 무기질이 풍부한 알칼리성 식품이다. 김의 단백질인 타우린(taurine)은 콜레스테롤(cholesterol)을 감소시킨다.

질이 좋은 김은 윤기가 나며 검은 빛이 나는데 불에 구우면 선명한 녹색이 난다. 김을 구울 때는 두 장씩 겹쳐서 구워야 향미를 보존하고 비타민 A의 감소도 막을 수 있다.

겨울에 나는 김은 질소 함량이 가장 풍부하기 때문에 최상품으로 여긴다.

저장 중 붉은 색으로 변하는 것은 습기에 의해 엽록소가 분해되기 때문이며, 구워도 녹색으로 변하지 않는다.

### (2) 미역(sea weed)

미역은 우리니라에서 생산량이 가장 많은 해조류이며 단백질이 약 10%로 많은 편이고 필수아미노산 등을 고루 함유하고 있어 영양가가 높다.

미역은 혈액을 맑게 해주고 요오드와 칼슘이 많아 산후 자궁수축과 지혈의 역할을 한다. 또한 미역은 장의 운동을 활발히 하고 만복감을 주기 때문에 다이어트식품이기도 하다.

데칠 때 녹색으로 변하는 것은 카로티노이드(carotinoid)계 색소에 둘러싸인 엽록소가 녹아나오기 때문이다.

### (3) 다시마(sea tangle)

다시마의 구성성분은 미역과 비슷하지만 요오드는 미역에 비해 10배가 많다.

다시마의 표면을 덮고 있는 흰 분말은 만니톨(mannitol)로서 설탕의 60%의 단맛을 가지므로 다시마에서 단맛을 느낄 수 있다.

다시마는 두꺼울수록 품질이 좋은 것이며 다시마의 글루탐산(glutamic acid)이 나트륨과 결합하여 생긴 모노소디움 글루타메이트(monosodium glutamate : MSG)는 특유의 감칠맛을 내므로 맑은 장국을 끓일 때 감칠맛의 급원으로 사용된다.

### (4) 우뭇가사리(agar)

우뭇가사리는 세포 내에 한천(agar)이 존재하기 때문에 우뭇가사리를 끓여서 나오는 즙을 분리하여 한천을 만든다.

한천은 겔(gel)화 되는 힘이 강한 아가로오스(agarose)와 겔화가 약한 아가로펙틴(agaropectin)이 70% : 30%의 비율로 구성되어 있으며 소화흡수가 안 되는 저에너지식품이다.

한천의 농도가 높을수록, 설탕이 첨가되었을 때 응고가 잘된다. 한천은 강한 겔화 능력 때문에 빵, 과자, 양갱 등의 식품을 만들 때 첨가제로 사용한다.

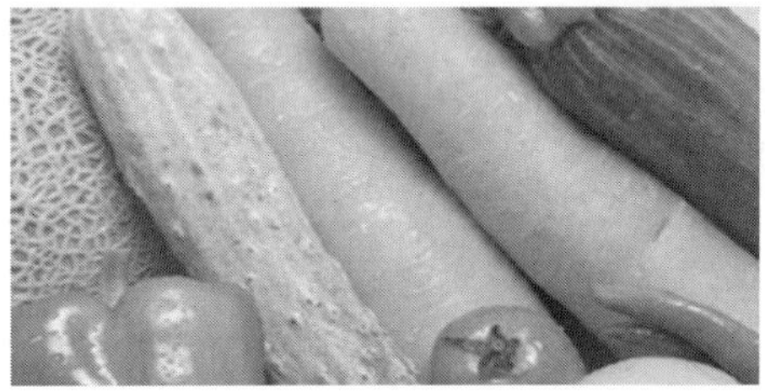

# 제 12 장

# 식품의 효소 (Enzyme)

효소(enzyme)란 동·식물, 미생물의 생활세포의 원형질에서 생산되어 극미량으로도 생체의 여러 가지 복잡한 화학반응을 촉진 또는 지연시켜 생활현상을 환경에 맞추어 정상적으로 영위하게 하는 일종의 생체 촉매(catalyst)물질이다. 한 가지 효소는 다만 한 가지 혹은 몇 가지 반응만을 촉매하기 때문에 세포 안에서 일어나는 수많은 반응을 위하여 세포 안에는 수많은 효소들이 존재한다. 현재 알려진 효소의 수는 약 2000이 넘는다.

많은 효소는 복합단백질로서 단백질 부분(apo-enzyme)과 조효소(co-enzyme)로 되어 있으며 이들 두 부분이 결합된 형태를 완전효소(holoenzyme)라 하고 이때 비로소 활성을 갖게 된다.

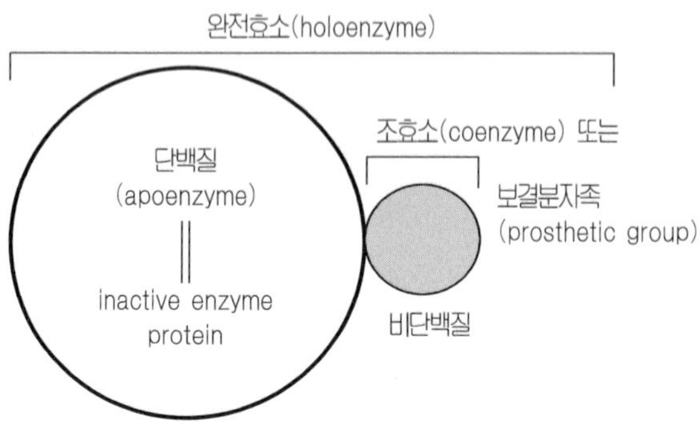


**그림 12-1** 복합단백질 효소

## 1. 효소의 촉매작용

효소반응에서 효소의 작용을 받는 물질을 기질(S, substrate)이라 하며 효소(E, enzyme)는 일단 기질과 결합하여 효소-기질복합체(ES, complex)를 형성한 후 재조합을 일으켜 새로운 반응생성물(P, product)을 만들고 새로운 생성물은 효소로부터 분리되며 다음과 같이 나타낼 수 있다.

$$E + S \rightleftharpoons ES \rightarrow E + P$$

즉, 효소는 기질과 결합하여 효소-기질 복합체를 형성해야만 반응이 진행되어 반응생성물을 만든다.

## 2. 효소의 특이성

효소는 특정한 물질에만 작용을 하는 특이성을 갖고 있는데 이것을 기질특이성(substrate specificity)이라고 하며 다음 3가지 종류로 나눌 수 있다.

### 1) 절대적 특이성(absolute specificity)

유사한 일군의 기질 중 한 종류의 기질에만 작용(촉매)하는 것을 말한다. 펩신(pepsin)은 단백질만을, 디펩티다아제(dipeptidase)는 디펩티드(dipeptide)결합만을 가수분해하는 경우이다.

### 2) 상대적 특이성(relative specificity)

효소가 어떤 군의 화합물에는 우선적으로 작용하고 다른 군의 화합물에는 약간만 반응하는 경우를 말한다. 췌장의 리파아제(lipase)는 지질을 우선적으로 가수분해하고 지질이 아닌 저급의 에스테르(ester)는 서서히 분해한다.

### 3) 광학적 특이성(optical specificity)

효소가 기질의 광학적 구조의 차이에 따라 특이성을 나타내는 경우를 말한다. D 및 L 형에 각각 특이적으로 작용하는 아미노산 산화효소가 여기에 속한다.

# 3. 효소반응에 영향을 주는 인자

효소(enzyme)의 본체는 단백질이기 때문에 일반적으로 단백질의 변성요인의 영향을 받는다. 즉 효소반응은 환경조건에 따라서 영향을 받으며 효소활성에 영향을 미치는 인자는 다음과 같다.

## 1) 온도

효소의 활성은 온도와 깊은 관계가 있다. 일반적으로 온도가 10℃ 상승 시 효소반응 속도는 약 2배로 증가되지만 효소는 단백질이므로 일정온도 이상이 되면 단백질 변성으로 인하여 활성이 저하되다가 결국은 활성을 잃게 된다.

대부분의 효소는 30~40℃에서 최대의 활성을 가지며 80℃ 이상에서는 활성을 잃는다. 효소의 장기간 보관은 5℃ 이하의 저온에서 저장하는 것이 좋다.

## 2) 수소이온농도(pH)

효소의 반응에는 활성이 최대가 되는 pH가 있어 그 이상이나 이하의 pH에서는 활성이 저하된다. 효소의 종류에 따라 최적 pH가 다르지만 대개 pH4.5~pH.8.0 범위이며, 기질의 종류에 따라서도 최적 pH가 달라질 수 있다. 따라서 효소를 이용한 식품가공에 있어서는 기질에 대한 효소활성을 안정한 pH 범위로 유지시켜 주어야 한다.

## 3) 효소농도

효소농도가 낮은 동안은 반응속도와 효소농도가 직선적으로 비례한다. 즉 효소의 농도는 반응의 제한인자이고 각 효소량에 대응하는 최대의 반응속도가 얻어지나, 곡선의 뒷부분에서는 기질의 농도가 제한인자가 되며 기질이 증가하지 않으면 반응속도는 증가하지 않는다.

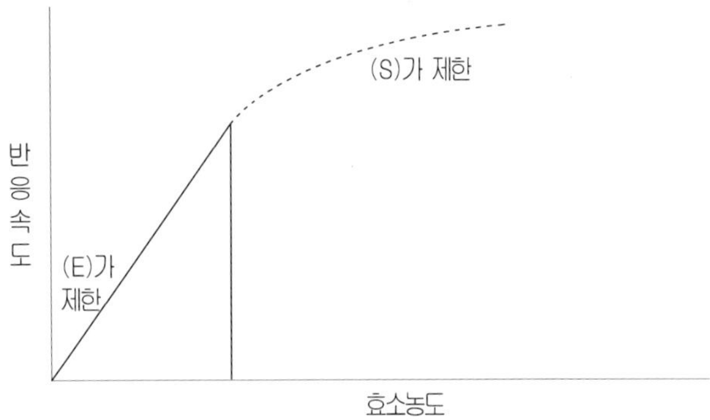


(E)는 효소농도 (S)는 기질농도

**그림 12-2 반응속도에 미치는 효소농도의 영향**

### 4) 기질농도

기질의 농도가 낮을 때는 반응속도는 기질의 농도에 정비례하지만 기질의 농도가 높아지면 정비례하지 않으며, 기질농도가 일정치를 넘으면 반응속도는 일정하게 된다. 최대 효소반응속도를 유지하기 위해서는 효소농도와 기질의 농도를 조절하여 주는 것이 매우 중요하다.

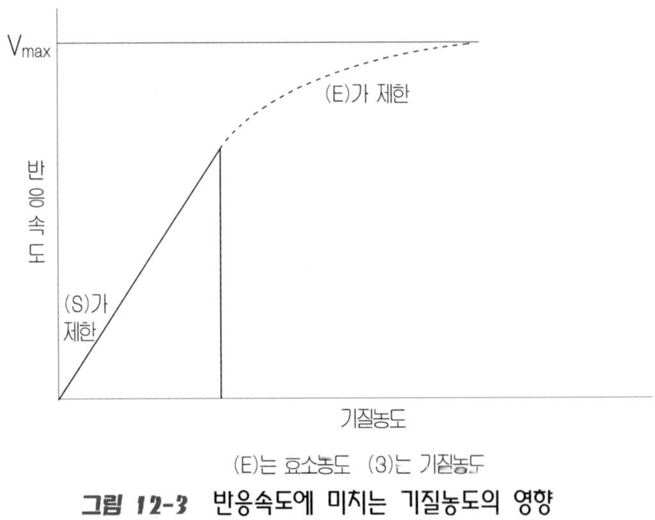


(E)는 효소농도 (3)는 기질농도

**그림 12-3 반응속도에 미치는 기질농도의 영향**

### 5) 효소활성 저해

효소의 작용은 여러 가지 조건에 의해서 저해되는 경우가 있는데 이점은 식품에 있어 매우 중요한 일이다. 즉 효소반응의 인위적인 제한은 식품의 저장과 가공에 크게 기여할 수 있다. 효소와 가역적 또는 비가역적으로 결합하여 효소의 촉매작용을 저해하는 물질을 효소저해제(enzyme inhibitor)라고 한다.

저해제로는 은($Ag^{+}$), 수은($Hg^{++}$), 납($Pb^{+++}$) 등과 같은 중금속이온, 계면활성제 등과 같은 것이 있다.

### 6) 효소의 활성

효소가 불활성이거나 또는 활성이 낮을 때 어떤 물질을 첨가하면 효소가 활성화되거나 효소반응이 촉진된다. 이와 같이 효소반응을 활성화하는 물질을 활성제(activator)라고 한다.

활성제로는 철($Fe^{++}$), 망간($Mn^{++}$), 마그네슘($Mg^{++}$) 등과 같은 금속이온이 있다.

## 4. 식품에 관계있는 효소

식품과 관계되는 효소는 식품의 품질에 영향을 미치는 중요한 성분으로서 식품 중에서 바람직하거나 바람직하지 못한 변화를 일으킨다.

### 1) 탄수화물 가수분해효소(carbohydrase)

탄수화물을 가수분해 시키는 효소로서 다당류를 분해시키는 폴리세크라아제(polysaccharase)와 소당류를 분해시키는 올리고세크라아제(oligosaccharase)로 분류할 수 있다. 여기에 속하는 효소로는 아밀라아제(amylase), 셀룰라아제(cellulase), 말타아제(maltase) 등이 있다.

### 2) 에스테라아제(esterase)

에스테르(ester) 결합을 가수분해 시키는 효소로 대표적인 효소는 유지를 지방산과 글리세롤(glycerol)로 분해 시키는 리파아제(lipase) 등이 있다.

### 3) 프로테아제(protease)

여기에 속하는 효소는 단백질과 폴리펩티드(polypeptide) 물질의 펩티드(peptide) 결합을 가수분해하여 저분자의 펩티드와 아미노산(amino acid)을 생성한다. 분해작용을 하는 형태에 따라서 프로테나아제(proteinase)와 펩티다아제(peptidase)로 구분된다.

### 4) 뉴크레아제(nuclease)

핵산을 가수분해 시켜 뉴크레오티드(nucleotide), 뉴크레오시드(nucleoside) 및 유기염기, 오탄당을 생성시킨다.

### 5) 아미다아제(amidase)

산 아민(amine) 결합을 가수분해 시키는 효소로서 암모니아($NH_3$)를 생성하며 육류식품의 부패 시에 주로 작용한다.

## 5. 식품생산에의 중요 효소

### 1) 제빵 효소

효소는 빵을 만드는 과정에서 매우 중요한 역할을 수행한다. 밀가루에 물을 부어 반죽하는 동안 밀가루에 들어있는 아밀라아제(amylase)는 전분을 맥아당으로 분해

시킨다. 그런 다음 효모가 분비하는 효소인 말타아제(maltase)에 의하여 맥아당이 포도당으로 분해 되며 그 후 효모속의 치마아제(zymase)라하는 몇 가지 효소들이 포도당의 발효에 참여한다.

발효과정에서 이산화탄소와 에탄올이 부산물로 생성되는데 이산화탄소는 반죽을 부풀게 하는 역할을 하고 에탄올(알코올)은 빵을 굽은 과정에서 휘발한다. 밀가루와 효모 속에 들어있는 프로테아제(protease)도 빵을 굽는 과정에서 중요한 역할을 한다. 밀가루 단백질인 글루텐(gluten)에 작용하여 탄성을 증가시키고 발효에 의해서 생성된 이산화탄소를 글루텐 그물망 안에 가두어 두는 역할을 한다.

### 2) 알코올음료의 생산

맥주와 포도주를 생산하는 과정에서 효모에 의한 포도당의 발효가 가장 중요하다. 술을 만들 때는 알코올을 남기고 이산화탄소는 완전히 제거한다.

### 3) 치즈 생산

치즈 제조에 사용되는 레닌(rennin)효소는 우유단백질을 응고시키는 작용을 한다.

### 4) 연육 효소

고기를 매달아 두면 고기 속에 원래 들어있던 프로테아제(protease)에 의하여 결체조직이 분해됨으로써 고기가 연해진다.

### 5) 홍차 생산

차 잎을 말리는 과정에서 중요한 화학반응이 일어난다. 무색의 페놀화합물이 갈색의 물질로 산화된다. 이 같은 산화반응은 폴리페놀-옥시다아제(polyphenol-oxidase)같은 천연 산화효소에 의하여 진행되는 것이다.

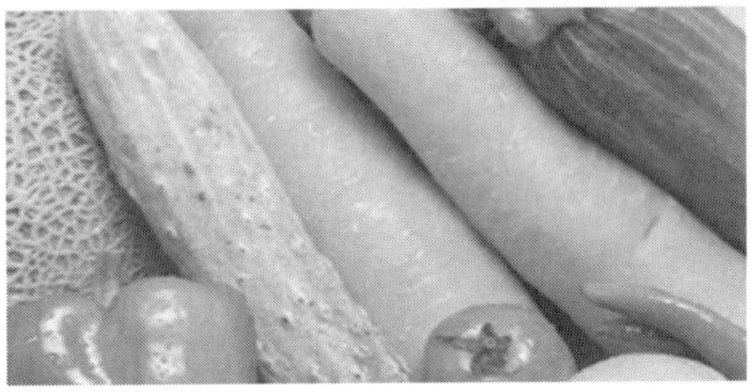

제 13 장

# 식품의 맛 (Taste of foods)

식품은 각각 특유한 맛을 지니고 있으며, 맛은 그 식품의 품질과 기호적 가치를 결정하는데 있어 하나의 중요한 요소가 된다. 식품의 맛은 식욕 뿐 만 아니라 소화 흡수에도 영향을 미치는 중요한 요인이 된다.

식품의 맛은 미각에 의하여 느껴지며 미각은 식품의 즙액 중에서 가용성 물질이 침과 합하여 혀의 표면을 생리적, 화학적, 물리적으로 자극하고 흥분시켜줌으로써 느끼게 되는 감각이다. 맛은 감지하는 기관은 미뢰(taste bud)로 방추형 세포들이 모여 양파처럼 둥근 형태를 이루고 있으며 이곳에 위치한 미각 신경에 의해 대뇌의 미각중추에 전달됨으로써 비로소 식품의 맛을 느끼게 된다.

미뢰의 구조는 아래의 그림 13-1과 같다.

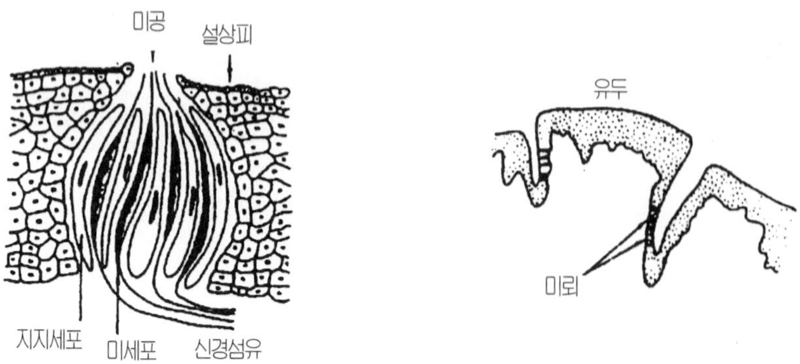


**그림 13-1** 미뢰의 구조

# 1. 맛의 분류

식품의 맛은 여러 가지 요소가 복합된 것으로 개인의 성별, 연령, 개성 등에 따라 크게 좌우되며 또한 식품이 가지고 있는 냄새나 온도에 의해서도 변화한다.

맛의 분류로써 1924년에 독일의 헤닝(Henning)은 식품의 맛을 단맛(sweet taste), 쓴맛(bitter taste), 신맛(sour taste), 짠맛(salty taste)의 4 가지로 분류하고 이것을 4 원미(four primary taste)라고 하였으며 모든 맛은 그림 13-2와 같이 정사면체의 공간 어느 한 점으로 나타낼 수 있다고 하였다.

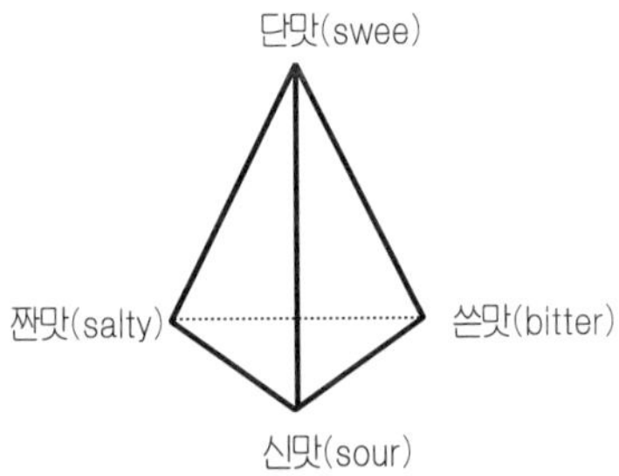


**그림 13-2** 헤닝(Henning)의 맛의 정사면체

그 밖에도 매운맛(hot taste), 떫은맛(astringent taste), 맛난맛(palatable taste), 아린맛(acrid taste), 금속맛(metallic taste) 등 자주 경험하는 맛이 있으나 맛의 분류에는 포함시키지 않는다.

## 2. 미각의 감수성

네 가지의 기본맛(단맛, 쓴맛, 신맛, 짠맛)에 대한 감수성은 아래의 그림 13-3과 같이 혀의 부위에 따라 차이가 있으며 일반적으로 단맛은 혀의 앞부분, 쓴맛은 혀의 뒷부분, 신맛은 혀의 양쪽 가장자리, 짠맛은 혀의 앞 양쪽 가장자리에서 가장 강하게 느껴진다.

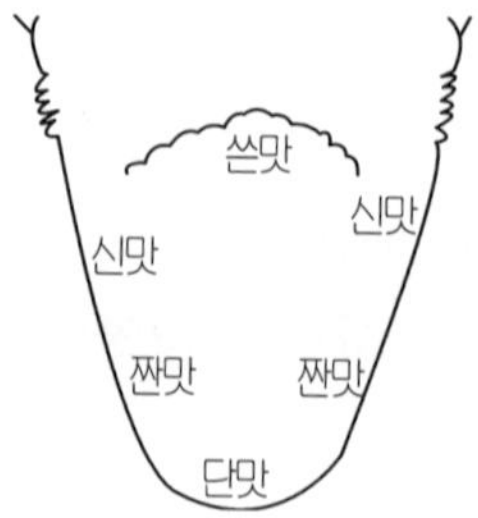


**그림 13-3** 혀의 맛을 느끼는 부위

# 3. 맛의 변화

## 1) 미각의 역치(threshold value)

맛의 역치(threshold value)란 맛을 느낄 수 있는 정미물질의 최저농도이다. 사람들은 흔히 단맛보다 쓴맛에 민감하다. 이러한 현상은 아래의 표 13-1과 같이 맛의 역치를 비교하여보아도 알 수 있다. 역치는 주로 사람의 미각수용기에 의해 결정되는 것이므로 주관성을 나타내며 학자들에 따라 그 값이 약간씩 차이를 보인다. 미각은 쉽게 피로해지며 순응현상이 나타난다. 또한 비교적 둔한 감각이다.

**표 13-1** 기본 정미물질의 역치

| 기 본 맛 | 정미 물질 | 농 도(g/100㎖) |
|---|---|---|
| 단 맛 | 설탕 | 0.30 |
| 짠 맛 | 소금 | 0.75 |
| 신 맛 | 주석산 | 0.005 |
| 쓴 맛 | 카페인 | 0.03 |

## 2) 미맹(blind taste)

쓴맛 성분인 PTC(phenyl thiocarbamide)는 정상적인 사람에게는 쓴맛을 느끼게 하지만 일부 사람들은 느끼지 못하는데 이런 사람을 미맹(blind taste)이라 한다. 이러한 현상은 유전적 인자에 의해 나타나는 것으로 인종에 따라 백인의 경우 약 30%, 흑인은 2~3%, 황색인은 15% 정도가 미맹인 것으로 나타나고 성별에 따라 남자의 경우 25.9%, 여자가 22.2% 정도가 미맹으로 나타난다.

### 3) 맛의 변화

미각의 대표적인 생리현상을 살펴보면 아래의 표 13-2와 같다.

**표 13-2** 미각의 생리현상의 종류

| 종 류 | 특 징 | 예 |
|---|---|---|
| 대비효과 | 서로 다른 맛 성분이 몇 가지 혼합되었을 경우, 주된 맛성분의 맛이 강해지는 것 | ▸팥죽+설탕+소금→단맛증가<br>▸소금물+유기산 (구연산, 젖산 등)→짠맛증가 |
| 맛의 억제 | 서로 다른 맛 성분이 몇 가지 혼합되었을 경우, 주된 맛성분의 맛이 약화되는 것 | ▸커피에 설탕을 섞으면 쓴맛이 단맛에 의해 억제됨<br>▸신맛이 강한 과일에 설탕을 섞으면 신맛이 억제됨 |
| 맛의 상승 | 같은 종류의 맛을 가지는 2종류의 맛성분을 서로 섞으면 각각 갖고 있는 맛보다 훨씬 강하게 느낀다. | ▸설탕액+사카린(saccharin)→단맛 증가 |
| 맛의 상쇄 | 2가지 맛성분을 혼합함으로써 각각의 고유한 맛을 나타내지 못하고, 약해지거나 없어지는 현상 | ▸간장이나 된장의 만난맛<br>▸김치의 조화된 맛(짠맛+신맛)<br>▸청량음료의 조화된 맛 |
| 맛의 변조 | 한 가지 맛을 느낀 직후에 다른 맛을 정상적으로 느끼지 못하는 현상 | ▸쓴 약을 먹은 직후 물을 마시면 달게 느낌<br>▸오징어를 먹은 직후 식초나 밀감을 먹으면 쓴맛 느낌 |
| 미각의 피로 | 같은 맛을 계속 맛보면 그 맛이 변하거나 미각이 둔해져 맛이 약할 때는 거의 느끼지 못하고, 진하면 싫증이 난다. | ▸황산마그네슘이 처음에는 쓰게 느껴지나 조금 지나면 단맛을 약간 느낌 |
| 맛의 상실 | 열대지방 식물인 gymnema sylvestre의 잎은 씹은 후 단맛과 쓴맛을 느낄 수 없다. | ▸이 현상은 잎 중의 gymnenic acid에 의하며 단맛이나 쓴맛을 느끼는 신경부위를 억제하기 때문이다. |

# 4. 미각에 영향을 미치는 요인

## 1) 온도

일반적으로 혀의 미각은 10~40℃일 때 잘 느낄 수 있는데 특히 30℃ 전후에서 가장 예민하다. 이보다 온도가 낮아지면 둔해진다. 맛을 가장 잘 느낄 수 있는 온도는 표 13-3과 같다.

**표 13-3** 맛을 느끼는 최적온도

| 맛의 종류 | 온도(℃) |
|---|---|
| 단맛 | 20~50 |
| 짠맛 | 30~40 |
| 신맛 | 25~50 |
| 쓴맛 | 40~50 |

대체로 온도 증가에 따라 단맛은 증가하고 쓴맛은 감소되며 신맛은 온도변화에 별로 차이를 나타내지 않는다. 참고로 우리들의 식생활에 알맞은 음식의 온도를 살펴보면 다음의 표 13-4와 같다.

**표 13-4** 식생활에 알맞은 식품의 온도

| 종류 | 온도(℃) | 종류 | 온도(℃) |
|---|---|---|---|
| cider | 1~5 | 청국장 발효 | 40~50 |
| 맥주 | 6~10 | 빵의 발효 | 27~30 |
| 커피 · 차 | 65 | 곰팡이의 번식 | 28~30 |
| 전골 | 95 | 감주의 당화 | 60 |

### 2) 연령과 성별

미각에 대한 감도의 감퇴는 50대 후반기 또는 60세 이후부터는 현저하게 나타난다고 볼 수 있다. 성별의 차이에 관하여는 여자가 단맛과 짠맛에 대하여는 남자보다 감도가 높고 신맛에 대하여는 감도가 떨어지며 쓴맛에 대하여는 남녀간에 별차이가 없다고 연구되고 있다.

### 3) 수면과 공복

3일간까지의 불수면(不睡眠)은 단맛과 짠맛에 대한 역치에는 별로 영향이 없고 신맛에 대한 역치는 현저하게 증가한다고 한다. 공복에 대한 영향을 보면 4 가지 기본맛의 감도는 식후 1시간에는 감도가 크게 둔화되었다가 3~4시간 후에는 증가된다. 식사에 의한 감도의 감소도는 그 식사의 열량에 크게 관계된다고 한다. 따라서 관능검사 시에는 식사시간과 더불어 식사 내용에도 주의할 필요가 있다.

### 4) 흡연

담배를 피우는 사람과 피우지 않는 사람 간의 미각의 차이에 관하여 조사된 바에 의하면 단맛, 짠맛, 신맛에 대한 역치에는 양자간에 차이가 없고 쓴맛에 대한 역치는 흡연자가 현저하게 높다고 보고되고 있다.

## 5. 단맛성분(sweet taste)

단맛(sweet taste)은 우리들의 식생활과 깊은 관계를 가지고 있는 것으로서 단맛에 대한 욕구는 매우 강하다. 단맛을 갖는 화합물은 자연계에 많이 존재하는데 대개 유기화합물이며 천연감미료와 인공감미료로 대별한다.

단맛성분의 상대감미도를 비교하기 위해 10%의 설탕용액의 단맛을 100으로 하여 표준으로 삼으며 각종 단맛성분의 상대감미도 및 성질을 살펴보면 표 13-5와 같다.

**표 13-5** 단맛성분의 상대감미도와 성질

| 종류 | 감미도 | 성질 |
|---|---|---|
| 포도당(glucose) | 74 | ▸분말, 찬물에 녹여 사용하면 감미가 증가된다. |
| 과당(fructose) | 173 | 천연당류 중 단맛이 가장 크다.<br>▸벌꿀은 가열하지 않고, 과일은 냉각하여 먹는 것이 달다 |
| 설탕(sucrose) | 100 | 감미변화가 적어 감미표준물질로 사용한다. |
| 맥아당(maltose) | 32 | 환원성이 있는 당으로 $\alpha$와 $\beta$형이 있으며 $\alpha$형이 더 달다<br>▸가열하면 감미도가 증가한다. |
| 유당(lactose) | 16 | $\alpha$, $\beta$형이 있으며 $\beta$형이 더 달다.<br>▸분유가 흡습되면 $\beta$가 $\alpha$형으로 된다. |
| 자이리톨(xylitol) | 75 | ▸당뇨병 환자의 감미료 |
| 황화합물 | 설탕의 50~70배 | ▸무, 양파, 마늘은 가열조리로 자극성, 매운맛은 사라지고 단맛이 생성된다. |

# 6. 짠맛성분(salty taste)

짠맛(salty taste)성분은 간장, 된장을 많이 먹는 우리 식생활과 가장 밀접한 정미물질로서 대부분이 염류이고 염화나트륨(NaCl) 외에 염화칼륨(KCl), 브롬화나트륨(NaBr) 등을 들 수 있다.

짠맛의 대표적인 것은 소금(NaCl)으로, 가장 순수한 짠맛을 나타내므로 조미료에 많이 쓰인다. 소금이 가장 순수한 짠맛을 띠는 것은 염소이온($Cl^-$)의 짠맛에 비해 나트륨이온($Na^+$)의 쓴맛이 매우 약하기 때문이다. 일반적으로 국물의 소금 농도는 약 1%일 때 가장 알맞은 짠맛을 내며, 유기산이 더해지면 짠맛이 세어지고, 단맛이 더해지면 짠맛이 약하게 된다.

## 7. 신맛성분(sour taste)

신맛(sour taste)성분에는 유기산과 무기산이 있으며 신맛은 산이 해리되어 생성된 수소이온($H^+$)에 의한 맛으로 그 강도는 수소이온 농도에 정비례하지 않지만 실제로 입에 들어가서 신맛을 느끼는 것은 침 또는 식품에 의해 희석 중화되므로 그 산이 완충작용을 갖는 정도에 따라서 입안에서 느끼는 신맛에 차이를 나타낸다. 우리들이 항상 섭취하는 신맛은 초산(acetic acid), 젖산(lactic acid), 사과산(maleic acid), 주석산(tartaric acid), 구연산(citric acid) 등이다. 이와 같은 산은 식품에 신맛을 부여하는 동시에 식품의 pH를 낮추어 식품의 부패를 방지하는 효과도 있다.

과일에 함유되어 있는 사과산, 구연산 등은 과일 특유의 풍미를 부여하기도 한다. 신맛은 온도가 상승할수록 강해지며, 신맛이 강할 때 단 것을 섞으면 신맛이 줄어들고 소금을 섞으면 신맛을 강화시키는 동시에 풍미를 더해준다.

## 8. 쓴맛성분(bitter taste)

식품에 쓴맛(bitter taste)이 많이 함유되어 있으면 식품의 기호성을 감소시키지만 다른 맛성분과 조화되면 약간의 쓴맛은 오히려 기호성을 높이며 커피, 맥주, 코코아 등이 그 예이다. 쓴맛은 혀의 뒷부분에서 예민하게 지각되므로 비교적 장시간 지속되는 맛이며 단맛, 신맛, 짠맛에 비해 가장 김도기 예민하여 맛의 역치가 상당히 적다.

식품 중의 쓴맛 성분을 살펴보면 표 13-6과 같다.

**표 13-6 식품 중의 쓴맛성분**

| 성분 | 소 재 | 비 고 |
|---|---|---|
| 카페인(caffeine) | 차, 커피 | 심장, 신장, 중추신경계에 흥분 작용 |
| 큐커비타신(cucurbitacin) | 오이, 참외의 꼭지 | |
| 후물론(humulon)<br>루풀론(lupulon) | 호프(hop) | 맥주의 쓴맛, 방향 |
| 사포닌(saponin) | 콩, 도토리 | 약한 유독성분임 |

## 9. 매운맛(hot taste)

매운맛(hot taste)은 맛이라기보다는 미각신경을 자극하는 일종의 통감(pain feeling)이라 할 수 있으며 적당한 양의 매운맛 성분은 소화액의 분비를 촉진시키고 식욕을 증진시키는 작용을 한다. 우리나라 식습관에서의 매운맛은 매우 중요한 요소이다.

고추의 매운맛 성분은 캡사이신(capsaicin)이며 마늘과 양파의 매운맛 성분은 알리신(allicin)이다.

## 10. 맛난맛(palatable taste)

맛난맛(palatable taste)은 단맛, 짠맛, 신맛, 쓴맛의 4 원미와 향 등이 잘 조화된 맛으로 여러 가지 정미성분이 혼합되어 나타나는 복잡하고 미묘한 맛이다. 예를 들어 된장, 간장, 젓갈류 등에서 느낄 수 있는 맛이다.

## 11. 떫은맛 성분(astringent taste)

떫은맛(astringent taste)은 혀 표면에 있는 점막단백질이 일시적으로 변성, 응고되어 미각신경이 마비됨으로서 일어나는 수렴성(astringency)의 불쾌한 맛이다. 떫은맛이 강하면 불쾌하나 약하면 쓴맛에 가깝게 느껴지고 차, 포도주 등에서 미약한 떫은맛은 다른 맛과 조화되어 독특한 풍미를 갖는다.

식품에서는 주로 탄닌(tannin)류가 대표적인 떫은맛 성분이며 건어물이나 훈제품 등에서 볼 수 있는 지방산, 알데히드(aldehyde)류도 떫은맛의 원인이 된다.

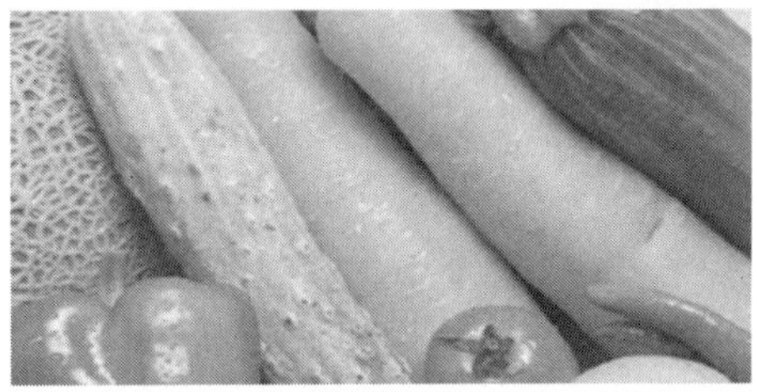

제 14 장

# 식품의 색

식품의 색은 영양적 가치는 없으나 미관이나 식욕에 관계가 깊고 식품의 신선도를 판단하는 기준이 되기도 한다.

천연식품의 색은 밝고 선명한데 비해 변질된 식품은 어두운 색이거나 변색이 되어 있다. 따라서 식품의 변색은 상품적 품질의 저하를 뜻하며 또 우리는 어느 특정의 식품이 공유의 색깔을 가진 것을 기대하며, 그 기준에서 어느 정도 이상 벗어나면 받아들이지 않는다. 따라서 색은 식품의 품질감정에 우선적인 기준이 된다.

이처럼 중요한 식품의 색은 수송, 저장, 가공 과정에서 산소, 광선, 열, 효소, 미생물 등의 여러 가지 영향으로 쉽게 변색되므로 이에 관한 성질을 이해하는 것이 중요하다.

## 1. 식품색소의 분류

천연색소는 식물성 색소와 동물성 색소로 크게 나누고 식물성 색소는 다시 지용성 색소와 수용성 색소로 나눈다.

- 천연색소
  - 식물성 색소
    - 지용성 색소 : 주로 식물체의 엽록체에 존재
      - ·클로로필(chlorophyll), 카로티노이드(carotenoid)
    - 수용성 색소 : 주로 식물체의 액포에 존재
      - ·안토잔틴(anthoxanthin), 안토시아닌(anthocyanin)
  - 동물성 색소
    - 헤모글로빈(hemoglobin) : 동물의 혈액에 존재
    - 미오글로빈(myoglobin) : 근육조직에 존재
    - 카로티노이드(carotenoid) : 우유, 달걀노른자에 존재

## 2. 식물성 식품의 색소

### 1) 클로로필(chlorophyll)

클로로필(chlorophyll)은 식물체의 잎과 줄기에 널리 분포하는 녹색의 색소로서 카로티노이드(carotenoid)계 색소와 함께 단백질 또는 지단백질(lipoprotein)과 결합한 상태로 엽록체에 존재하고 식물의 광합성에 중요한 역할을 한다.

▶클로로필(chlorophyll)을 산으로 처리하면 갈색의 페오피틴(pheophytin)이 된다. 김치, 오이절임 등으로 녹색채소를 오래 저장하면 갈색을 띠게 되는 것은 발효에 의해 생긴 초산이나 젖산이 크로로필에 작용한 결과이며, 또 푸른잎을 방치하면 점점 갈색을 띠게 되는데 이것은 자기소화에 의해 식물 속에 들어있는 유기산이 클로로필에 작용하여 페오피틴이 생성되기 때문이다. 그리고 녹색채소를 양념할 때 식초를 넣는 것도 식탁에 올려놓기 전에 무치는 것이 좋다.

### 2) 카로티노이드(carotenoid)계 색소

카로티노이드(carotenoid)계 색소는 황색, 주황색, 적색을 띠는 지용성 색소로서 동, 식물성 식품에 널리 분포되어 있다. 열에 비교적 안정하며 조리에 사용될 정도의 약산과 약알칼리에는 파괴되지 않으므로 조리과정 중에 성분의 손실은 거의 없으나 불포화도가 높아 산화에는 매우 약하다. 따라서 공기 중의 산소나 산화효소 등으로 쉽게 산화되어 퇴색하고 햇빛은 산화를 촉진시킨다.

▶ 식물성 식품의 카로티노이드계 색소는 식물체에서 합성되어 클로로필과 함께 잎의 엽록체 속에 존재하며 동물성 식품의 카로티노이드계 색소는 먹이로 섭취한 식물로부터 유래되어 근육, 젓, 난황, 지방조직 등에 축적되어 있다.

### 3) 플라보노이드(flavonoid)계 색소

플라보노이드(flavonoid)계 색소는 식물에 널리 분포하는 황색계통의 색소이며 유리된 상태 또는 배당체의 형태로 존재하는 수용성 색소이다.

#### (1) 안토시아닌(anthocyanin)

안토시아닌(anthocyanin)은 꽃, 과일, 채소 등에 존재하는 선명한 적색, 자색, 청색의 색깔을 가진 수용성 색소로서 넓은 의미로 플라보노이드계 색소에 속한다.

▶안토시아닌 색소는 pH에 따라서 색이 변하는데 이와 같은 성질을 이용하여 레드캐비지로 샐러드를 만들 때 식초를 조금 넣은 물에 담그면 고운 적색을 띠는 것도 안토시아닌이 산성용액에서 적색이 되는 것을 응용한 것이다.

#### (2) 안토잔틴(anthoxanthin)

안토잔틴(anthoxanthin)은 식물체에서 유리상태로 존재하는 일은 드물고 대부분이 당류와 결합된 배당체로 존재한다. 안토잔틴에 속하는 색소들은 담황색~황색이다. 일반적으로 산에는 안정하나 알칼리 및 산화에는 불안정하다.

▶ 삶은 감자, 삶은 양파, 삶은 양배추 등 황색이 선명하게 나타나는 것은 안토잔틴 화합물에 기인하는 것이다.

## 3. 동물성 식품의 색소

### 1) 미오글로빈(myoglobin)과 헤모글로빈(hemoglobin)

육류의 붉은색은 육색소인 미오글로빈(myoglobin)과 혈색소인 헤모글로빈

(hemoglobin)이라는 2 종류의 색소단백질에 의한 것이다. 이들은 헴(heme)이라고 알려진 비단백부분과 글로빈(globin)이라 알려진 단백질 부분이 결합한 것이며 미오글로빈은 1:1, 헤모글로빈은 4:1의 비율로 결합되어 있다.

▶육류나 육류 가공품에 있어서는 가급적 많은 피를 제거해야 하므로 육류나 육류 가공품의 전체 색소함량의 90% 이상이 미오글로빈으로 되어 있다. 그러나 가축을 도살한 후 충분히 방혈되도록 처리한다 하더라도 육중의 모세혈관에 혈액이 남게 되므로 헤모글모빈도 육색에 관여한다.

### 2) 카로테노이드(carotenoid)계 색소

카로테노이드(carotenoid)는 식물성 식품만이 아니라 동물성 식품에서도 함유되어 있다. 식육의 적육 부분에는 카로테노이드는 거의 존재하지 않지만 지방에는 카로테노이드가 존재하고 이것이 버터나 치즈의 색에 관여한다.

▶ 새우나 게 등에는 카로티노이드(carotenoid)계 색소인 아스타잔틴(astaxanthin)이 단백질과 결합하여 청록색을 나타내지만 가열하면 단백질이 변성되어 분리되고 아스타잔틴이 유리된다. 이 아스타잔틴은 공기 중에서 계속 가열되면 산화되어 붉은 색의 아스타신(astacin)으로 변하는 것이다.

### 3) 기타 색소

우유의 미황색, 난백의 미황녹색, 물고기 눈의 미황색의 형광은 리보플라빈(riboflavin)에 의한 것이다. 생선 겉표면의 검은색이나, 오징어, 문어 등의 먹물은 멜라닌(melanin)색소에 의한 것이다.

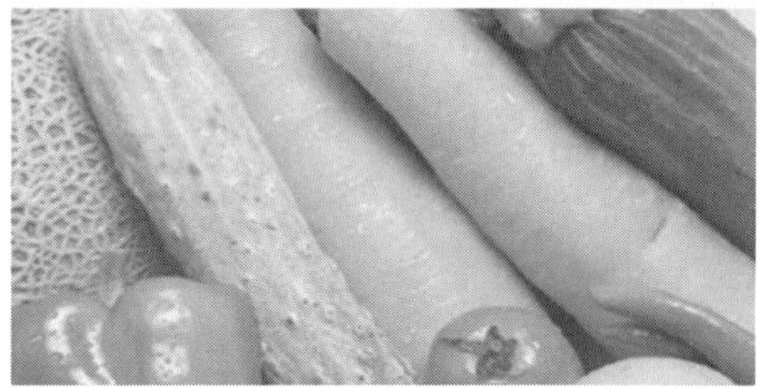

제 15 장

# 식품의 갈변

식품을 저장, 조리, 가공 등을 할 때 식품의 색이 갈색으로 변화하는 경우가 있는데 이러한 현상을 식품의 갈변(browning)이라 한다. 식품이 갈변되면 외관이나 풍미가 나빠지고 비타민, 아미노산 등도 변화하여 식품의 품질이 떨어지는 경우가 많으므로 식품의 갈변은 바람직하지 못하다. 그러나 경우에 따라서는 바람직한 방향으로 진행되는 경우도 있다. 즉 간장, 된장에서 갈변으로 형성된 색깔은 거의 필수적이며 홍차, 커피, 맥주, 빵 등의 제조 시와 같이 색깔 뿐만 아니라 향미에도 큰 영향을 주어 식품의 품질을 향상시키는 경우도 있다.

식품의 갈변현상은 광범위하게 일어나는데 효소의 관여에 따라 효소적갈변(enzymatic browning)과 비효소적갈변(nonenzymatic browning)으로 구분할 수 있다.

## 1. 효소적 갈변(enzymatic browning)

사과, 감자 등과 같은 채소나 과일을 절단하여 공기에 노출시키면 세포 속에 들어있는 효소에 의하여 산화반응이 진행된다. 즉, 폴리페놀(polyphenol)을 함유하고 있는 신선한 식물체가 손상을 받으면 이를 산화시키는 효소가 대개는 공존하므로 양자가 반응하여 갈색색소인 멜라닌(melanin)으로 전환되기 때문에 갈색으로 변한다.

식품에 있어서 효소적 갈변에 관여하는 효소로는 폴리페놀(polyphenol)류의 산화에 관여하는 폴리페놀옥시다아제(polyphenol oxidase)와 티로신(tyrosine)의 산화에 관여하는 티로시나아제(tyrosinase)가 있다.

사과, 배를 깎아서 공기 중에 놓아두면 갈색으로 변하는데 이것은 폴리페놀옥시다아제(polyphenol oxidase)에 의한 갈변으로 구리나 철로 된 도구를 피하고 소금물에 담그면 방지할 수 있다. 감자, 고구마의 갈변은 유리상태로 함유된 티로신(tyrosine)이 티로시나아제(tyrosinase)에 의해서 갈색의 멜라닌(melanin) 색소로 되는 것이다. 이 효소는 수용성이므로 깎은 감자를 물속에 담그면 티로시나아제가 용출되어 감자의 갈변이 일어나지 않는다. 이러한 효소적 갈변의 억제방법으로는 가열처리, pH조절, 온도조절, 효소 및 기질제거 등 여러 가지 방법을 사용한다.

## 2. 비효소적 갈변(nonenzymatic browning)

식품의 비효소적 갈변은 그 성분과 반응단계가 복잡하여 어느 한 가지 반응으로 이루어지는 것이 아니라 몇 가지 반응이 복합적으로 일어나는데 크게 메일러드반응(Maillard reaction), 캐러멜화 반응(caramelization), 아스코르브산 산화반응(ascorbic acid oxidation)으로 분류할 수가 있다.

### 1) 메일러드 반응(Maillard reaction)

이 반응은 아미노산, 아민(amine), 펩티드(peptide), 단백질 등이 당류, 알데히드(aldehyde), 케톤(ketone) 등과 반응하였을 때 갈색물질이 생성되므로 즉, 아미노기와 카르보닐기에 의한 갈변반응이기 때문에 아미노-카르보닐 반응(amino-carbonyl reaction)이라고도 부른다.

일반적으로 대부분의 식품은 성분 중에 이 반응을 일으킬 수 있는 화합물들을 다소간씩 함유하고 있기 때문에 거의 모든 식품에서 이 반응이 일어날 가능성이 있으며 또 많이 나타나는 갈변이다. 더욱이 이 반응은 외부로부터 에너지 공급 없이도 일어나므로 비효소적갈변의 중요한 반응이다. 이 반응의 결과로 품질의 열화, 영양가의 저하를 가져오나 식품의 빛깔, 풍미, 방향 등을 얻을 수 있다. (예: 커피, 홍차, 식빵, 된장, 간장, 위스키 등)

### 2) 캐러멜화 반응(caramelization)

캐러멜화 반응은 아미노화합물이나 유기산이 존재하지 않는 경우에 주로 당류만을 고온(180~200℃)으로 가열시켰을 때 산화 및 탈수분해산물의 중합, 축합으로 갈색물질(caramel)을 생성하는 반응이며, 자연발생적으로는 일어나지 않는다.

설탕이나 물엿을 주원료로 하는 과자, 빵, 비스킷 등에서의 갈변화는 주로 캐러멜화에 기인하며 간장이나 된장의 착색에도 어느 정도 기여하고 있다. 캐러멜(caramel)은 장류, 청량음료, 약식, 과자류 등의 착색에 착색료로 이용되며 식품가공 및 조리중에 일어나는 캐러멜화 반응은 식품의 색깔뿐만 아니라 생성되는 각종 가열분해산물인 휘발성성분으로 인해 식품의 향과 맛에도 큰 영향을 미친다.

### 3) 아스코르브산 산화반응(ascorbic acid oxidation)

아스코르브산(ascorbic acid)은 강한 환원력을 가지고 있기 때문에 산화방지제 또는 갈변방지제로서 채소, 과일, 과즙 등 가공식품의 갈색화 방지에 널리 사용되고 있으나 아스코르브산이 일단 비가역적으로 산화되면 그 산화생성물은 계속 산화중합하여 갈색물질을 형성하거나 아미노화합물, 유기산류와 반응하여 갈색물질을 만든다. 이것은 아스코르브산의 함량이 큰 감귤류의 가공품 등에 있어서 문제가 되는 갈색화 반응이다.

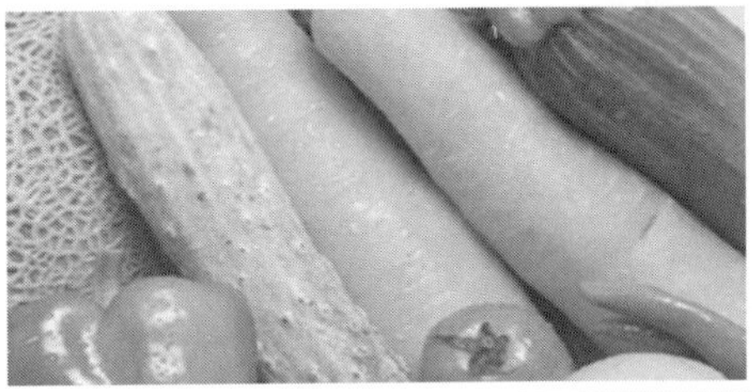

제 16 장

# 식품의 냄새

식품의 냄새는 맛, 색과 더불어 식품을 평가하는데 있어 매우 중요하다. 식품의 냄새는 식품에 미량 함유된 휘발성 성분에 기인하는 것이며, 영양성분은 아니다.

냄새는 보통 쾌감을 주는 냄새(香, perfume, aroma)와 불쾌감을 주는 냄새(臭, stink)로 나뉘는데 모든 식품은 제각기 특유한 냄새를 가지고 있어 우리에게 고유한 풍미를 준다. 이렇게 냄새에는 우리에게 즐거움을 주는 좋은 냄새와 불쾌감을 주는 냄새가 있는가 하면 처음에는 역겹던 냄새가 익숙해지면서 호감을 주는 냄새도 있다. 또한 농도에 따라 느낌이 다른 경우도 있는데 인간의 후각은 개인의 차가 심하고 건강 상태에 따라 크게 달라진다.

냄새 성분이나 냄새를 가진 물질이 후각기관에 도달하면 냄새물질 분자와 화학접수체(chemoreceptor) 사이에 상호반응이 일어나며 이 자극은 후신경을 통하여 대뇌를 거쳐 중추에 전달되어 냄새를 느끼게 되는 것이다.

냄새를 느낄 수 있는 최저농도를 냄새의 역치(threshold value)라 하며 미각의 역치에 비해 약 10,000배 이상 예민하다. 그러므로 냄새 성분이 식품 속에 ppm(parts per million), ppb(parts per billion) 단위 정도만 함유되어 있어도 사람의 후각은 이 냄새를 감지할 수 있다.

냄새 또는 향기는 가열조리, 가공 및 저장, 부패 등의 과정에서 많은 변화를 한다. 따라서 어떤 식품이 우리에게 각인되어 있는 것과 다른 비정상적인 냄새를 갖고 있을 때는 식품에 있어서 색의 경우와 같이 그 식품의 성분 등에 있어 비정상적인 화학변화가 진행되었을 것이라는 판단을 할 수 있다.

냄새의 본질에 있어서는 우리가 느낄 수 있는 종류만도 10만 가지 이상이고 각각의 냄새들은 많은 성분들이 복합적으로 이루어져 있으며 그 함량이 매우 적고 변화하기 쉬운 휘발성이기 때문에 정확하게 냄새성분을 규명할 수는 없으나 최근 G.C(gas chromatography), 질량분석기(mass spectrometer) 등의 기술발달로 많은 연구가 이루어지고 있다.

현재까지 알려진 약 200만 종류의 화합물 중 약 5분의 1 정도가 냄새를 내는 물질이며 보통의 사람은 약 2000여 종 정도의 냄새를 구별할 수 있다고 한다.

## 1. 냄새의 분류

냄새의 종류는 우리가 말로 표현하기가 곤란할 정도로 대단히 많다. 비리다, 고소하다 등의 냄새를 묘사하는 말도 있으나 대부분은 장미향기, 마늘냄새, 가죽냄새, 풀냄새 등과 같이 냄새를 발생시키는 물질의 이름을 포함하여 표현한다.

이와 같이 냄새는 맛에 있어 4가지의 기본 맛, 색의 3원색으로 분류하는 것과 같이 정확한 분류방법이 아직 없다. 지금까지 시도된 여러 분류 방법 중 헤닝(Henning)과 아무어(Amoore)의 경우를 보면 다음과 같다.

### 1) 헤닝(Henning)의 분류

헤닝(Henning)은 많은 종류의 냄새를 6종류의 기본적인 냄새로 분류하고 그 냄새의 상호 관계를 그림 16-1과 같이 냄새의 3면체로 표시하여 설명하였으며, 모든 단일냄새는 이 프리즘(prism) 속에서 하나의 점으로 표시될 수 있다고 하였다.

① 꽃향(flowery oder) : 장미, 백합, 매화 등의 향기
② 과실향(fruity oder) : 사과, 밀감, 레몬 등의 향기
③ 향신료향(spicy oder) : 생강, 마늘 등의 향기
④ 수지향(resinous oder) : 송정유, 테르펜(terpene)류 등의 향기
⑤ 썩은 냄새(putrid oder) : 썩은 고기, 썩은 달걀의 냄새
⑥ 탄 냄새(burnt oder) : 커피, 캐러멜(caramel)류의 냄새

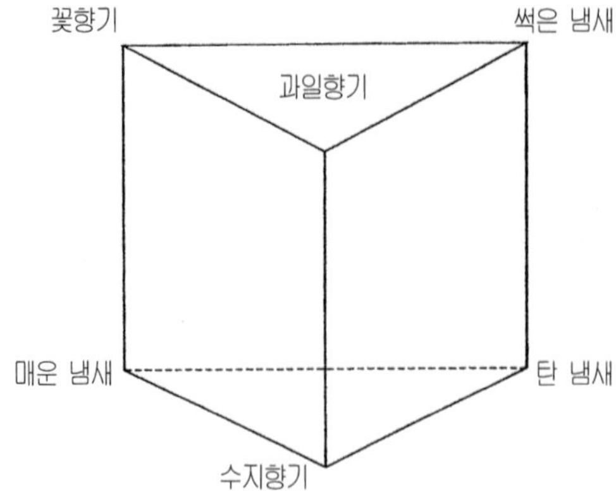


**그림 16-1** 헤닝의 냄새프리즘

## 2) 아무어(Amoore)의 분류

아무어(Amoore)는 기본적인 냄새를 표 16-1과 같이 7종류의 기본냄새로 분류하여, 모든 냄새를 이들 기본냄새의 복합된 냄새로 표시할 수 있다고 하였다.

**표 16-1** 아무어(Amoore)의 냄새 분류

| 기본 냄새 | 냄새 성분 |
|---|---|
| 장뇌 냄새(camphoraceous) | 보르네올, 시네올, 펜타메틸 에틸 알코올 |
| 매운 냄새(pungent) | 알리 알코올, 시아노겐, 포름산 |
| 에테르 냄새(ethereal) | 아세틸렌, 클로로포름, 프로필 알코올 |
| 꽃향기(floral) | 벤질 아세테이트, 페닐에틸 알코올 |
| 박하향(pepperminty) | 제3부틸카르비놀, 시클로헥사논, 멘톤 |
| 사향(musky) | 에틸렌 세바케이트, 펜타데카놀락톤 |
| 썩은 냄새(putrid) | 아밀메르캅탄, 카다베린, 히드로겐 설파이드 |

# 2. 식물성 식품의 냄새

### 1) 과일류의 향기

과일류의 향기는 그 과일의 특성이나 선도를 판단하는데 매우 중요한 요소이다. 과일류의 향기 성분에 대해서는 많은 연구가 되어있으며 테르펜(terpene)류와 지방산의 에스테르(ester)류가 향기의 주체로 알려져 있다.

과일은 수십 여종 이상의 향기 성분을 함유하고 있으며, 이들 성분이 적당히 조합되어 과일 각각의 고유하며 특징적인 향기를 지니고 있는 것이다. 그러나 과일은 수확 후에도 세포 내에서는 생화학 반응이 계속 진행되기 때문에 이러한 향기 성분들도 항시 변화하고 있다.

### 2) 채소류의 향기

채소류의 향기 성분도 과일류와 같이 휘발성의 에스테르(ester)류, 알데히드(aldehyde)류, 케톤(ketone)류 등과 휘발성 유황화합물(volatile sulfur compound)들의 분해생성물들이 채소류 특유의 향기성분으로 작용한다.

# 3. 동물성 식품의 냄새

### 1) 육류의 냄새

육류의 냄새는 주로 혈액에서 오는 냄새이며 아세트알데히드(acetaldehyde)가 주요 성분이다. 도살 후 시간이 경과한 육류에서는 자기소화와 세균에 의한 오염이 진행되어 불쾌한 냄새가 난다. 이것은 주로 아미노산이나 단백질이 세균의 작용으로 인하여 암모니아, 황화수소 등이 형성되기 때문이다.

### 2) 어류의 냄새

어류는 신선하더라도 특유한 비린 냄새를 가지고 있다. 더욱이 이 냄새는 시간이 경과함에 따라 강해지며, 신선도를 판단하는데 대단히 중요한 요소로 작용한다.

선도가 저하된 어류의 특유한 비린 냄새는 TMA(trimethylamine)이며 이것은 원래 무취였던 트리메틸아민옥시드(trimethylamineoxide)가 어류가 죽은 후 세균의 작용으로 환원되어 생성된 것이다. 따라서 트리메틸아민옥시드의 함량이 많은 바다 어류가 함량이 적은 민물어류보다 더 빨리 상한 비린냄새가 나는 것이다.

따라서 어류에 함유되어 있는 트리메틸아민의 함량은 어류의 선도측정의 기준이 되며 함유량 1$\mu$g에서는 맛의 저하, 2~3$\mu$g이 존재하면 불량식품으로 간주한다.

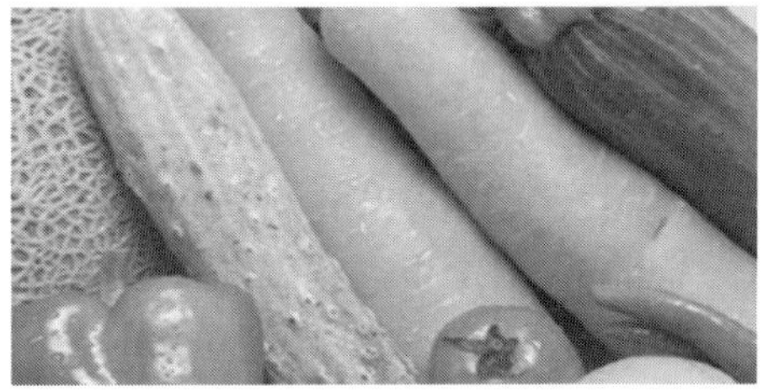

제 17 장

# 식품과 미생물 (Microorganism)

미생물(microorganism)은 대부분 단세포로 크기가 매우 작기 때문에 육안으로는 식별하기 어려운 유기체이다. 미생물은 살아있는 작은 생물이라는 뜻이며, 현미경을 사용하지 않고는 볼 수가 없다.

미생물은 자연계에 널리 분포하고 있으며, 식품 속에도 물론 있다. 미생물에 대한 연구는 질병의 원인이 미생물이라는 확신 때문에 시작되었다. 식품에 들어있는 미생물 가운데 어떤 것은 수가 증가 하면서 식중독을 일으키며 식품을 상하게 하며, 부패를 일으키게도 한다.

건강에 좋은 식품을 공급하는 것이 외식업소 관리자들의 가장 중요한 책임이다. 외식업소의 경우 박테리아(bacteria), 바이러스(virus), 균류 등이 모두 적이다. 그렇다고 미생물 모두가 유해한 것은 아니다. 빵, 포도주, 요구르트 등과 같은 식품은 미생물 없이는 생산이 불가능하다.

미생물은 현미경의 발명자인 안톤 반 레벤호크(Antony van Leeuwenhoek, 1632-1723, 네덜란드)에 의하여 발견되었고 그 후 약 200년가량 지나 프랑스 과학자 파스퇴르(Louis Pasteur)와 몇몇의 과학자들이 발견했다.

미생물을 형태에 따라 분류하면 원생동물(protozoa), 조류(algae), 바이러스(virus), 박테리아(bacteria), 균류-곰팡이(mold), 효모(yeast)로 분류할 수 있다.

### 1) 원생동물(Protozoa)

원생동물은 자그마한 단세포 동물이다. 원생동물은 자유로이 움직일 수 있는 능력을 지니고 있다. 대부분의 원생동물은 연못, 강, 바다와 같은 물 속에 서식하며 토양 내부의 물 속에 서식하기도 한다.

원생동물은 휘말아 삼키는 방법으로 먹이를 섭취하며 이분법, 즉 몸체가 둘로 나뉘는 방법으로 번식한다. 가장 흔한 원생동물은 아메바(amoeba)이다.

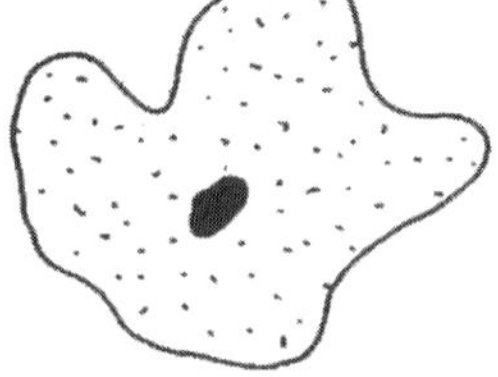

그림 17-1 아메바

### 2) 조류(Algae)

조류는 간단한 식물체이다. 해조류 같이 커다란 조류도 있지만 대부분의 조류는 현미경의 도움을 받아야만 관찰할 수 있을 정도로 크기가 작다. 조류들은 대개 클로로필(chlorophyll) 또는 유사한 색소체를 지니고 있어 광합성 작용이 가능하다. 클로렐라(chlorella) 같은 조류는 양식 후 수확하여 단백질 급원으로 활용하기도 한다.

### 3) 바이러스(Virus)

바이러스는 미생물 중에서도 가장 작아서 크기가 보통 10~300nm에 불과하다. 바이러스는 무세포생물체, 즉 세포의 형태를 갖추지 못한 생물체이다. 바이러스는 단독으로는 먹이를 섭취할 수도, 생존할 수도, 증식할 수도 없다. 항상 다른 생물체에 기생함으로써 생존이 가능하다.

사람에게 나타나는 바이러스성 질병들은 대개 예방이 가능하며, 즉 질병을 가볍게 치르도록 함으로써 추후 공격에 대비하는 저항력을 기를 수 있다. 바이러스가 일단 침입하면 체내에서는 면역물질 즉, 항체를 생산하기 때문에 바이러스 항원을 미리 투여함으로써 인위적으로 면역체의 생산을 유도할 수 있다.

바이러스는 종류에 따라 열과 추위에 반응이 다르다. 어떤 종류의 바이러스는 온도가 80℃ 속에서도 생존하고 냉동실에서도 1년 이상을 살 수 있다.

바이러스는 오염의 위험성이 높은 식품에는 성장이나 번식을 하지 않는다. 식품은 바이러스의 행로로밖에 쓰이지 않으며, 바이러스로 오염된 식품의 섭취로 인하여 바이러스가 사람체내로 침입한 후 많은 수로 증식하는 것이다. 바이러스는 민감하거나 감수성이 높은 사람에게 잘 오염되므로 처음부터 바이러스의 식품 오염을 방지해야 한다. 바이러스에 감염된 곳에서 잡은 굴, 조개 등을 날로 먹거나 덜 익혀 먹었을 때 바이러스로 인한 식중독이 자주 발생한다.

### 4) 세균(Bacteria)

세균은 단세포 유기체 가운데 가장 작으며(직경이 0.4㎛에 불과한 박테리아도 있다) 유해한 종류도 많이 있고 또 유익한 종류도 있기에 미생물 가운데 중요하게 취급된다.

세균은 형태에 따라 다음과 같이 분류된다.

① 구균(coccus) - 구형

② 간균(bacillus) - 막대형

③ 비브리오(vibrio) - 짧고 굽은 막대형

④ 나선균(spirillum) - 긴 나선형의 끈

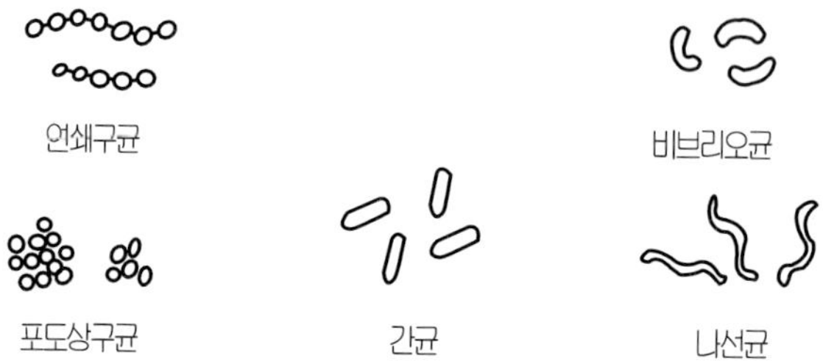


**그림 17-2 세균의 형태**

세균 가운데 어떤 것은 스스로 움직일 수 있는 능력을 지니고 있으며 증식은 이분법으로 한다.

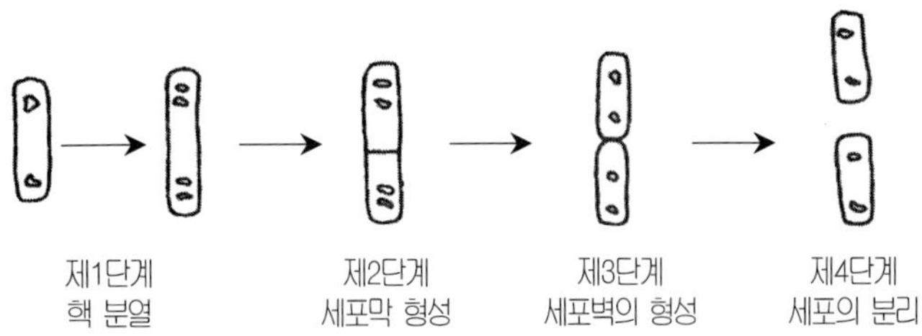


**그림 17-3 이분법에 의한 세균의 증식**

외식업소에서 제일 신경을 써야하는 미생물들 중 하나가 세균이다. 그 이유는 식중독 발생이 바이러스나 곰팡이균보다 주로 세균으로 인해 발생되기 때문이다.

세균 증식에 알맞은 환경 속에서는 세균의 증식은 아주 쉬운 일이다. 병균세포는 성장할수록 크기가 커지며 둘로 나누어진다. 그리고 둘이 넷, 넷이 여덟으로 증식한다. 이것만 보더라도 세균이 얼마나 급속도로 증식하는지를 알 수 있다.

그러므로 세균의 급속적인 증식이 식품을 오염시키고 식중독을 발생시키는 것이다.

중요한 세균 성장요소는 음식물(food), 산성농도(acidity pH), 온도(temperature), 시간(time), 산소(oxygen), 수분(moisture)이다.

이상적인 조건에서 세균의 성장과정을 살펴보면

첫째, 세균이 환경에 적응하며 성장하는 과정을 잠복기 또는 느린 단계(Lag phase)라 하며

둘째, 시간이 지나 세균이 급속도로 번식하는 시기를 빠른 단계(Log phase)라 한다.

셋째, 다음 과정으로 세균의 성장이 너무 빠르고 그 수가 많아 서로 영양분을 두고 경쟁하기 때문에 수가 늘지 않는다. 이 단계를 정체기 또는 고정단계(Stationary phase)라 한다.

넷째, 마지막 단계로 세균의 수가 너무 많아 영양섭취를 못할 때 또는 자신들의 노폐물(독소) 때문에 죽어가는 단계로서 이를 쇠퇴기(Decline phase)라 한다.

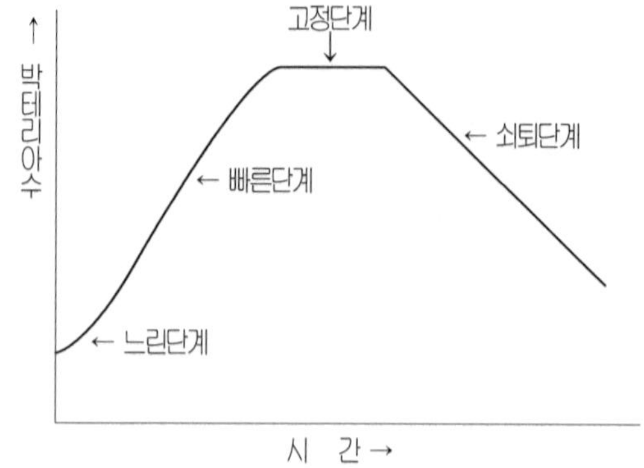


**그림 17-4 세균의 증식단계**

세균의 증식에는 물과 음식물이 필요하다. 세균의 영양섭취는 딱딱한 고체로는 하지 못하며 여러 종류의 액체로 섭취한다. 대개 신선한 식품은 최적수분도(Water Activity : Aw)를 지니고 있어서(0.97~0.99) 미생물이 성장할 수 있는 좋은 조건을 가지고 있다.

식품의 수분도가 0.85 이상을 넘으면 일반적으로 위험한 식품이라고 판정한다. 그러므로 수분도가 최적 수분도보다 낮으면 미생물이 증식할 수 있는 수를 적게 조절할 수 있다.

수분도를 낮게 조정하려면 얼리거나, 건조시키거나, 설탕이나 소금을 첨가하는 등 여러 가시의 방법이 있다. 그러나 수분제거 방법 등이 미생물들을 철저히 제거하는 것은 아니므로 한시도 안심할 수 없다.

### 5) 균류

균류는 식물이지만 일반 녹색식물과는 달리 클로로필(chlorophyll)이 없다. 즉 균류는 광합성이 불가능하며 따라서 무기 물질이 아닌 유기 복합체를 먹이로 섭취한다.

### (1) 곰팡이(mold)

곰팡이는 흔히 다세포체, 즉 한개 이상의 세포들로 구성되어 있다. 하지만 세포 각각은 독립적인 생장이 가능하며 따라서 곰팡이는 미생물로 분류한다.

곰팡이는 주로 무성생식 포자에 의하여 번식한다.

곰팡이는 많은 식품을 변질시키는 등 유해한 면도 많지만 한편으로는 간장, 된장, 술(누룩곰팡이), 치즈(푸른곰팡이) 등의 발효식품 제조에 동·서양 모든 곳에서 널리 활용되어 왔다. 또한 근래에는 의약품, 효소 등의 제조에 광범위하게 이용되고 있다.

### (2) 효모(yeast)

효모는 간단한 단세포 균류이다. 효모는 대개 식물성 먹이에 의존하여 증식한다. 효모는 타원형, 막대형 또는 구형 등 여러 가지 형태를 지닌다.

대부분의 효모는 발아라고 하는 간단한 무성생식법으로 증식한다.

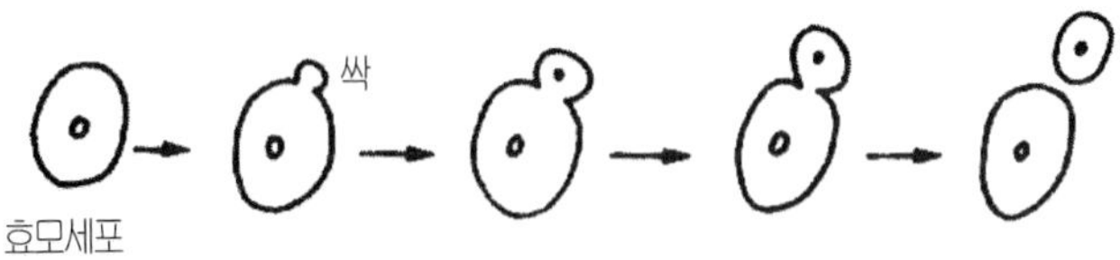


**그림 17-5** 효모의 발아

당질(glucoside)을 알코올과 이산화탄소로 분해시키는 효모의 기능은 상업적인 측면에서 매우 중요하다. 알코올 발효로 불리우는 이 과정은 혐기성, 즉 산소 없이 진행되는 반응이다.

효모 속에는 치마아제(zymase)라 하는 여러 종류의 효소들이 들어 있는데 이 효소들은 포도당 같은 당질을 에틸알콜과 이산화탄소로 분해시킨다.

$$\underset{\text{포도당}}{C_6H_{12}O_6} \xrightarrow{\text{zymase}} \underset{\text{에단올}}{2C_2H_5OH} + \underset{\text{이산화탄소}}{2CO_2}$$

산소 공급이 충분한 조건에서는 효모 세포가 산소 호흡을 수행한다. 즉 효모 속의 효소들이 당질을 이산화탄소와 물로 완전히 분해시킨다.

$$C_6H_{12}O_6 + 6O_2 \longrightarrow 6CO_2 + 6H_2O$$

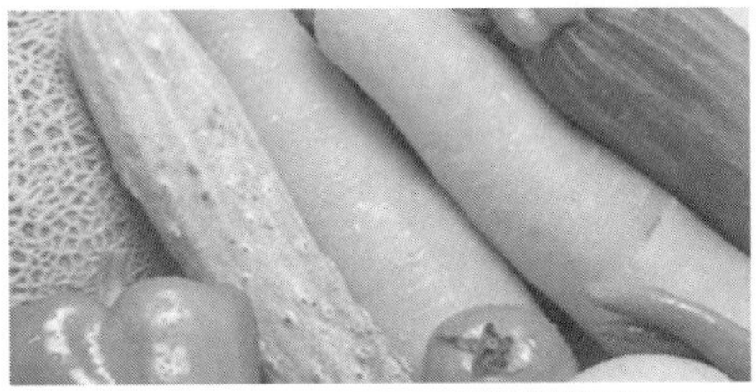

제 18 장

# 식중독 (Food Poisoning)

식중독(food poisoning)은 유해, 유독 물질 및 미생물 등이 식품에 첨가되거나 오염되어 사람이 섭취했을 때 일어나는 위장장애를 주로 한 급성 건강장애를 말한다. 식품으로 인한 질병의 발발이란 같은 식품을 먹고 그 식품으로 인해 2명 이상이 아팠을 때 의학적 분석으로 그 식품이 병의 원인이라는 것으로 확정된 것을 말한다.

우리나라 식품위생법(제2조 용어정의)에서 식중독이라 함은 식품의 섭취로 인하여 인체에 유해한 미생물 또는 유독물질에 의하여 발생하였거나 발생한 것으로 판단되는 감염성 또는 독소형 질환을 말한다.

식중독을 그 원인이 되는 물질에 따라 분류하면 다음의 표 18-1과 같다.

**표 18-1** 식중독의 분류

| | | |
|---|---|---|
| 세균성 식중독<br>(가장 많이 발생) | ① 감염형 식중독<br>② 독소형 식중독<br>③ 알레르기성 식중독 | 살모넬라균, 장염비브리오균<br>포도상구균, 보툴리누스균 등<br>부패산물에 의함 |
| 화학성 식중독 | ① 고의 또는 오용으로 첨가되는 유해 물질<br>② 본의 아니게 잔류, 혼입되는 유해 물질<br>③ 제조, 가공, 저장 중에 생성되는 유해물질<br>④ 환경오염에 의한 중독<br>⑤ 조리기구, 포장에 의한 중독 | 각종 첨가물, 유해첨가물<br>잔류농약, 비소<br>지질의 산화생성물<br>수은(Hg), 카드뮴(Cd) 등<br>녹청(구리), 납, 비소 등 |
| 자연독 식중독 | ① 동물성 자연독에 의한 중독<br>② 식물성 자연독에 의한 중독 | 복어, 조개 등<br>감자, 버섯류, mycotoxin |

# 1. 세균성 식중독

식중독 중 가장 많이 발생하며 감염형, 독소형 등으로 분류된다. 감염형은 오염된 원인 세균이 체내에 침입하여 증상이 발생하는 것이며 독소형은 식품에서 원인 세균이 증식하면서 분비하는 독소에 의해서 발생하는 것이므로 원인 식품 중에 세균이 존재하지 않더라도 식중독이 일어날 수 있다.

### 1) 감염형 식중독

① 살모넬라(salmonella) 식중독

- 증상 : 38~40℃ 정도의 발열, 두통, 복통, 설사
- 잠복기 : 식후 12~24 시간(평균 18시간)
- 원인식품 : 육류 및 그 가공품, 어패류, 유제품 등
- 감염원 : 가축, 가금류의 분변에 오염된 식품
- 발생기간 : 5 ~10월
- 예방 : 열에 약하므로 가열조리

② 장염 비브리오(vibrio) 식중독

- 증상 : 급성 위장염, 설사, 복통, 구토
- 잠복기 : 식후 13~18시간
- 원인식품 : 어패류 및 그 가공품
- 감염원 : 어패류 생식, 조리기구 등
- 발생기간 : 7~9월
- 예방 : 어패류 생식 금지, 저온보관, 충분한 세척, 가열조리

③ 웰치(welchii)균 식중독

- 증상 : 설사, 복통, 구토, 권태
- 잠복기 : 8~22시간 (평균 12시간)
- 원인식품 : 육류, 어패류, 튀김두부 등 동물성 단백질
- 감염원 : 사람, 동물의 분변, 토양, 하수
- 예방 : 가열, 저장 시 급속 냉동

④ 병원성 대장균 식중독

- 증상 : 급성장염, 설사, 두통, 복통
- 잠복기 : 10~24시간 (평균 13시간)
- 원인식품 : 우유, 채소 샐러드, 마요네즈
- 감염원 : 보균자의 분변, 오염된 식품
- 예방 : 용변 후의 손 세척, 식품의 가열, 조리장 청결

### 2) 독소형 식중독

① 포도상구균 식중독

- 증상 : 급성위장염, 구토, 설사, 복통
- 잠복기 : 1~6시간 (평균 3시간)
- 원인식품 : 우유, 크림, 버터, 치즈, 떡
- 감염원 : 식품 중에서 포도상구균이 증식하여 장독소(enterotoxin)를 생성
- 예방 : 화농성 질환자의 조리업무 금지, 조리장 청결

② 보툴리누스(botulinus)균 식중독

- 증상 : 시력저하, 동공확대, 신경마비, 복통, 구토(30~70%의 치사율)
- 잠복기 : 12~36시간
- 원인식품 : 통조림, 어패류 및 그 가공품
- 감염원 : 식품의 혐기성 상태에서 신경독소(neurotoxin) 생성
- 예방 : 음식물의 가열처리, 위생적 보관, 가공

### 3) 알레르기성 식중독(histamine 중독)

원인균이 어육 등에 번식해 부패시키는 과정 중 히스타민(histamine) 등을 생성하여 알레르기성 식중독을 유발한다.

- 증상 : 얼굴·상반신·전신에 홍조, 발열, 두통, 위장염
- 잠복기 : 30분~4시간
- 원인식품 : 꽁치, 고등어, 정어리 등 붉은살 생선
- 예방 : 어류의 충분한 세척과 가열, 살균, 냉동보관

**표 18-2 세균성식중독과 경구전염병과의 차이점**

| 구 분 | 급성경구 전염병 | 세균성 식중독 |
|---|---|---|
| 섭취균량 | 극소량 (주로 체내에서 번식) | 다량 (대부분 식품 중에서 증식) |
| 잠 복 기 | 일반적으로 길다 (2~7일) | 아주 짧다 (12~24시간) |
| 경 과 | 대체로 길다 | 대체로 짧다 |
| 전 염 성 | 심하다 | 거의 없다 |
| 2차 오염 | 있다 | 거의 없다 |
| 의 미 | 식품은 병원균의 운반체 | 식품은 원인물질의 축적체 |
| 증 상 | 지속적 | 일과성 |
| 면 역 성 | 형성되는 경우가 많다 | 없다 |

# 2. 화학성 식중독

## 1) 고의 또는 오용에 의한 중독

① 유해착색료 :오라민(aruamine), 로다민 B(rhodamine), 파라니트로아닐린(p-nitroaniline)

② 유해보존료 : 붕산($H_3BO_3$), 포름알데히드(formaldehyde), 베타 나프톨($\beta$-naphthol), 승홍($HgCl_2$), 불소화합물

③ 유해표백료 : 롱가리트(rongalit), 삼염화질소($NCl_3$), 형광표백제

④ 유해감미료 : 둘신(dulcin), 에틸렌 글리콜(ethylene glycol), 페릴라르틴(peryllartine), 사이클라메이트(cyclamate)

⑤ 기타 화합물 : 메틸알코올($CH_3OH$), 시안화합물, 아질산염

### 2) 우연한 혼입, 잔류되는 유해물질에 의한 중독

① 농약 : 유기인제(파라티온, 말라티온 등), 유기염소제(DDT, BHC 등)

② PCB 중독(미강유중독) : 미강유 제조 중 잘못으로 기름을 가열 탈취하는 과정에서 장치의 결함으로 인하여 PCB(poly chlorinated biphenyl, 폴리염화비페닐)가 혼입되어 이를 장기간 섭취한 가정에서 발생하였다. 증상으로는 구토, 간장장애, 피부의 흑갈변 등이 있다.

③ 비소화합물

### 3) 기구, 용기 및 포장 등으로부터 용출되는 유해물질에 의한 중독

① 유해성 중금속 : 납(Pb), 아연(Zn), 주석(Sn), 구리(Cu)

② 합성수지 용출물질 : 포름알데히드, 가소제

### 4) 제조, 가공 및 저장 중에 생성되는 유해물질에 의한 중독

① 지질 과산화물

② N-니트로 화합물

③ 다환 방향족 탄화수소(벤조피렌)

### 5) 환경오염 등에 의해 식품에 잔류하는 독성물질에 의한 중독

① 수은(Hg) : 인체에 축적되어 미나마타(minamata)병이 발병(공장폐수 중에 함유된 유기수은이 어패류에 축적되고, 이 어패류를 사람이 먹어서 발생), 신경계 장애가 나타난다.

② **카드뮴(Cd)** : 인체에 축적되어 이타이이타이(itai-itai)병이 발병(광산 및 공장 폐수 속의 카드뮴이 농작물에 축적되고, 다시 사람에게 축적되어 발생), 전신 통증, 골연화증이 나타난다.

③ **유기염소계 물질(유기염소계 농약)** : 난분해성, 지용성, 체내 축적성이 있어서 만성중독을 일으킨다.

④ **방사성 물질** : 핵폭발, 원자력 발전 등에서 방사능 물질이 누출되어 물, 식품을 오염시킨다.

## 3. 자연독 식중독

### 1) 동물성 식중독

① **복어중독** : 테트로도톡신(tetrodotoxin)독소
- 알 - 간 - 내장 - 피부
- 봄의 산란기에 가장 많이 함유
- 식후 30분~3시간 후 발병
- 구토, 호흡장애, 의식불명

② **검은조개, 섭조개, 대합조개 중독** : 삭시톡신(saxitoxin)독소
- 식후 30분~3시간 후 발병
- 마비증상

③ **모시조개, 굴중독** : 베네루핀(venerupin)독소
- 식후 24~48시간 후 발병
- 식욕감퇴, 복통, 구토, 점막출혈

### 2) 식물성 식중독

① 버섯중독 : 무스카린(muscarine)독소 등

· 부교감신경 흥분, 뇌증상, 설사 등

② 감자중독 : 솔라닌(solanine)독소

· 감자의 녹색부위와 발아부위에 함유

· 위장장애, 중추신경장애

③ 청매(덜 익은 매실)중독 : 아미그달린(amygdaline)독소

· 두통, 구토, 호흡곤란, 전신경련

④ 독미나리중독 : 시쿠톡신(cicutoxin)독소

· 현기증, 구토, 경련

⑤ 곰팡이중독 : 미코톡신(mycotoxin)독소(곰팡이가 생산하는 2차대사 산물로서 이상질병이나 이상생리작용을 유발하는 물질)

· 아플라톡신(aflatoxin) : 가장 대표적인 곰팡이 독으로 일반적인 가공처리로는 파괴되지 않으며 강력한 발암물질을 함유
땅콩, 곡류 등에서 생성
간암, 간경변을 일으킴

· 황변미중독 : 수분이 많은(15% 이상) 쌀에 푸른곰팡이(penicillium속)가 번식하여 누렇게 변질되면서 독소를 생성
간장장애, 신경장애 등

⑥ 맥각중독 : 에르고톡신(ergotoxin)독소 등

· 개화기의 보리에서 발생

· 구토, 설사, 두통, 경련

· 맥각(ergot) : 맥각균이 보리와 같은 식물의 이삭에 기생하여 균핵(菌核)이 된 것

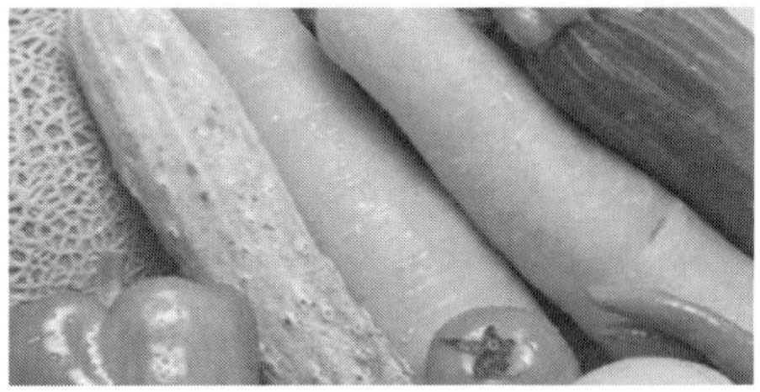

제 19 장

# 식품재료

# 1. 곡류(穀類)

곡류는 세계 모든 민족의 주식(主食)으로 이용되어 왔으며, 미곡(쌀), 맥류(보리, 밀, 호밀, 귀리) 위에 잡곡으로 조, 피, 옥수수, 메밀 등으로 구별된다. 우리나라에서는 중요한 5가지 곡류, 즉 쌀, 보리, 조, 기장, 콩을 오곡(五穀)이라고 하며, 이 중에서 쌀은 가장 중요한 농작물로 우리의 주식이 되고 있다.

**그림 19-1** 각종 곡류

### 1) 쌀(rice)

쌀은 벼의 열매 껍질을 벗긴 알맹이를 말한다. 쌀은 밀, 옥수수와 더불어 세계 3대 식량작물 중의 하나로 90% 이상을 아시아에서 생산하고 전세계 인구의 약 40%가 주식으로 이용하고 있는 곡류이다.

재배벼는 북위 30°를 경계로 하여 온대 또는 열대와 아열대의 산악지대에서 재배하는 자포니카형(Japonica type)과 열대와 아열대에서 재배하는 인디카형(Indica type)으로 나눈다. 자포니카형은 대부분 길이가 짧은 단립종(short grain)과 중간길이의 중립종(medium grain)으로 쌀알이 짧고 동글동글하며 밥은 끈기가 있다. 인디카형은 주로 장립종(long grain)으로 쌀알이 가늘고 길며 탈곡이 쉬우나 밥의 끈기가 약한 특징이 있다. 우리나라에서는 1971년 인디카형과 자포니카형의 교배종인

통일벼를 만들어 쌀의 부족현상을 극복하기도 하였으나 식미(食味)가 좋지 않아 1993년부터는 거의 사라졌다.

### 2) 밀(wheat)

밀은 B.C. 10,000~15,000년경부터 재배되어온 인류역사에서 가장 오래되고 널리 경작되는 농작물의 하나이며 아프가니스탄에서 카스피해 해안 일대가 원산지로 알려져 있다. 우리나라에서는 삼한시대 이전부터 재배되어 왔다고 추측되어지고 있다. 밀은 일반적으로 온대지역 내지 한냉지역에 적합한 것이지만 기후에 대한 적응성이 강하여 지구상에서 널리 재배되고 있으며 세계의 곡류 중 생산량이 가장 많은 작물이다. 밀의 종류로는 약 20여종이 알려져 있으나, 실제 많이 이용하는 것은 90% 이상이 보통밀(*Triticum aestivum* L.)이고, 5~7%가 듀럼밀(*Triticum durum* Desf.)이다.

### 3) 보리(barley)

중앙아시아 근방이 원산지로 알려져 있는 보리는 약 1만 년 전부터 인류가 재배해 온 작물 중의 하나로 생산량은 쌀, 밀, 옥수수 다음으로 많다. 보리의 종류로는 열매껍질이 낟알에 달라붙어 잘 떨어지지 않는 겉보리(피맥 또는 대맥)와 쉽게 떨어지는 쌀보리(나맥)로 구분하거나, 이삭에 달린 씨알의 줄수에 따라서 두줄보리(이조대맥)와 여섯줄보리(육조대맥)로 나누어진다. 또한 파종시기에 따라서 가을보리(추파형)와 봄보리(춘파형)로도 구분한다.

우리나라에서 가을에 흔히 심는 여섯줄보리(*H. vulgare* L.)는 티베트가 원산지로 삼한시대 이전부터 재배되었던 것으로 알려져 있으며 두줄보리(*H. distichum* L.)는 17세기경부터 재배하여 왔다.

### 4) 호밀(rye)

보리류에 속하는 호밀은 서남아시아가 원산지이며 "라이보리"라고도 한다. 호밀은 밀이나 보리밭의 잡초였던 것이 작물로 재배된 것이다. 열매는 다소 녹갈색 또는 자색을 띠고 표면에 주름이 있는 것이 많으며 등쪽에 세로 홈이 있고 크기는 밀보다 다소 길쭉하다. 보리류 중에서도 냉랭한 기후에 적합하고 내한성이 강하며 건조한 사질토나 메마른 땅에서도 잘자란다.

우리나라에는 1921년경 독일로부터 도입되어 재배한 것이 전파되었다고 하며, 모두 가을에 파종하는 것이다. 호밀은 제분하여 제빵용으로서 수요가 많으며, 신맛과 독특한 풍미가 있는 흑빵이 만들어진다. 그 외에 흑맥주, 위스키 등의 양조에 이용된다. 또한 사료로서 종자와 풀을 이용하기도 한다.

### 5) 귀리(oat)

보리류에 속하는 귀리는 중앙아시아 아르메니아 지방이 원산지라 하며 "연맥"이라고도 한다. 호밀과 마찬가지로 밀이나 보리밭의 잡초였던 것이 작물로 재배된 것이다. 우리나라에서는 별로 보편화되지 않은 작물이며 고려 시대에 원나라의 침입과 함께 말의 먹이로 가져온 것이 재배의 기원이라 한다. 귀리는 도정하여 오트밀(oat meal)을 만들어 식용하고, 과자의 원료, 주정발효 원료로 사용하며, 말 등의 가축 사료로 많이 이용한다.

### 6) 옥수수(corn)

옥수수는 남미 안데스산맥 일대가 원산지이고 종류도 다양하다. 옥수수는 멕시코 또는 과테말라를 중심으로 B.C. 5천 년경부터 재배되기 시작하였다. 콜럼버스에 의해 전세계에 전파되었으며 16세기 초에 포르투갈인이 바다로 인도에 전하고 그것이 중국을 거쳐 고려 때 우리나라에 들어왔다.

옥수수를 섭취하는 가장 흔한 방법은 이삭을 통째로 삶거나 구워서 씨를 뜯어먹는 것이다. 옥수수를 거칠게 빻아 만든 가루인 콘밀은 빵, 토르티아(tortilla) 같은 식품을 만드는데 쓰이며 또한 맥주, 위스키의 양조원료로 이용되기도 한다.

### 7) 메밀(buckwheat)

메밀은 식물학상 여뀌과에 속하며, 시베리아 바이칼호 부근이 원산지로 여겨지며, 중국과 유럽을 통하여 전파되었다.

메밀은 중심부만을 가루로 낸 것이 가장 빛깔이 희고, 가루를 많이 낼수록 빛깔은 검지만 풍미가 더 좋다. 메밀은 제분 직후의 것이 특히 풍미가 있는데 건조가 잘된 것을 한랭한 곳에 두면 4~6개월은 맛을 잃지 않는다.

### 8) 수수(sorghum)

수수의 원산지는 아프리카와 아시아이며 옥수수를 재배하는 것과 거의 같은 방식으로 재배한다. 주된 재배국은 미국, 인도, 중국이며 우리나라에서는 북한 지역이 비교적 재배면적이 넓으며 남한에서는 강원도 및 경기도 일부에서 재배되고 있다.

### 9) 조(italian millet)

조의 원산지는 동부아시아이며 일부는 아프리카를 원산지로 추정하고 있다. 조의 원형은 강아지풀이며 동양에서는 오곡(五穀)의 하나로 오래전부터 재배되어 왔다.

우리나라에서는 전국적으로 재배해온 작물로서 한때는 보리 다음으로 많이 재배했던 밭작물이었으나 요즈음에는 식생활이 바뀌면서 극히 적은 면적에서 재배되고 있다.

종자는 구형이며 곡류 중 크기가 가장 작아서 천립중량이 2g 정도이다.

### 10) 기장(millet)

기장은 인도가 원산지이며 조, 수수와 함께 밭에 심는 중요한 잡곡이었지만 요즈음은 별로 심지 않아 보기가 힘들다. 기장의 열매는 익으면 떨어지기 쉽고 도정하면 조와 비슷하나 조보다는 굵다. 기장에는 메기장과 차기장이 있는데 차기장이 많이 재배되고 농가의 별식을 만드는데 이용된다. 떡을 만들면 별미가 있고 소화율도 높으며 중국 동북부에서는 황주(黃酒)를 만들며, 제분하여 밀가루와 섞어 떡이나 과자류를 만들고, 사료로도 많이 사용한다.

## 2. 서류(薯類)

서류는 땅속 줄기나 뿌리의 일부가 비대해져서 괴경, 구경, 구근을 이루고 전분이나 기타 다당류를 저장하는 덩이식물이다. 대개 지하괴경, 구경, 구근 등을 식용하는 식물은 근채류로 분류하지만 그 중에서 전분의 함량이 특히 많아 열량원 식품으로 볼 수 있는 식물을 따로 구분하여 서류라고 한다.

서류에는 감자, 고구마, 토란, 참마, 곤약, 카사바(cassava) 등이 있다. 서류는 그대로 조리에 이용하기도 하지만 전분, 알코올, 물엿, 포도당 제조 시 그 가공원료로도 널리 이용되고 있다.

### 1) 고구마(sweet potato)

고구마의 원산지는 멕시코에서 남아메리카 북부에 이르는 지역이라고 추정되며, 약 2000년 전부터 중・남아메리카에서 재배된 것으로 추측하고 있다. 주로 아시아, 아프리카에서 집중적으로 생산되고 있다. 고구마의 모양은 긴 방추형에서 구형까지 여러 가지가 있고 빛깔도 백색, 황색, 담홍색, 적색, 담자색 등으로 다양하다. 수분(60~76%)을 제외한 고구마의 주성분은 탄수화물(18~25%)이고 그 대부분은 전분이다. 전분 이외에도 포도당, 과당, 서당, 만니톨 등의 당이 있어 감미가 강하다.

분질의 고구마는 조리한 후 물기가 없어 마치 삶아놓은 밤과 같은 느낌을 주어 밤고구마라고 말하는 것이고 점질의 고구마는 당함량이 많아 약간 질척하고 물기가 많아 물고구마라고 하는 것을 말한다. 간식이나 주식의 대용으로, 또는 튀김, 파이 등으로 이용된다. 공업용으로는 알코올 발효, 전분제조용 원료, 풀, 배합사료용, 화장품, 화학약품 등에 이용한다.

### 2) 감자(potato)

감자는 페루, 칠레 등의 안데스 산맥이 원산지로 온대지방에서 널리 재배되고 있다. 우리나라에서는 강원도에서 많이 생산되며 요즈음은 보통 1년에 2모작을 한다. 감자의 여러 품종 중 주요한 것으로는 남작, 수미 등이 있으며 가장 많이 보급된 품종은 남작이다. 남작은 표피가 희고 매끄러우며 눈도 얕고 적으며 육색은 희고 분질상이다.

감자는 가열 후의 질감에 따라 분질인 것과 점질인 것으로 구분되므로 조리시 용도에 맞게 선택해 사용하는 것이 좋다. 점질감자는 가열하면 육질이 약간 투명해 보이고 먹을 때 촉촉하고 끈끈한 느낌을 주며 조리 시 부서지지 않아 볶는 조리에 적당하다.

분질감자는 조리했을 때 희고 윤기가 없으며 불투명하여 건조한 외관을 나타내며 파삭파삭한 느낌을 주며 보슬보슬하게 부스러지기 쉬운 성질이 있으므로 으깨는 조리에 알맞다. 프렌치프라이도 보통 외국산 감자가 그대로 수입되어 그 원료로 이용되고 있는데, 그 이유는 먹음직스러운 크기의 프렌치프라이가 되기 위해서는 생감자의 크기가 어느 정도 큰 것이라야 하기 때문이다.

감자는 소주 등 알코올의 원료로 사용되고 감자전분은 당면, 공업용 원료로 이용하는 외에 좋은 사료가 된다.

## 3. 두류(豆類)

두류는 콩과식물에 속하고 결실(結實)하면 콩깍지(꼬투리)를 형성하면서 그 안에 종자를 만든다. 뿌리 부분에는 뿌리혹이 있고, 그 뿌리혹박테리아가 공기 중의 질소를 고정 이용하여 유기질소화합물을 합성한다. 두류는 환경에 대한 적응성이 좋으며 재배가 용이하고 생육기간이 짧아 전세계적으로 널리 재배하며 윤작이나 간작이 가능하고 뿌리혹박테리아의 기생으로 토양을 비옥하게 한다.

또한 두류는 저장과 수송이 편리하고 양질의 단백질과 지질의 중요한 급원으로 영양가가 우수한 식품이다. 두류는 유지공업의 주요 원료로서 이용될 뿐만 아니라, 아미노산의 조성이 우수한 관계로 곡류의 섭취에서 부족하기 쉬운 아미노산을 보충하는 경제적인 단백질 공급원으로 유용하게 사용되고 있다.

### 1) 콩(soybean)

콩은 대두(大豆)라고도 하며 원산지는 우리나라와 옛 만주지방이다. 자실의 형태는 대부분 둥글고 황색인데, 푸른색을 띠는 청대콩이나 검정콩, 자실이 매우 작은 쥐눈이콩, 그밖에 갈색, 얼룩콩, 아주까리콩 등 매우 다양한다.

콩은 우리민족의 식생활에서 가장 중요한 단백질원이 되어왔다. 콩은 영양적으로는 매우 우수한 식품이나 콩 자체조직의 치밀함 때문에 소화율은 그리 높은 편은 아니다. 그러나 우리 민족의 뛰어난 콩 가공기술로 제조된 두부, 된장, 간장 등의 소화율은 매우 높다.

### 2) 땅콩(peanut)

땅콩은 브라실이 원산지인 콩과 식물로 세계 각지로 전해진 것은 아메리카 신대륙 발견 이후이며, 우리나라에는 1800~1845년경에 중국으로부터 전해진 것으로 생각된다. 땅콩은 척박한 땅에서도 잘 생육하므로 개간지에 알맞은 작물이다. 땅콩을 볶아서 식용으로 하는 외에, 땅콩버터를 만들기도 하고, 갈아서 땅콩분말을 만들기도 한다. 땅콩의 부드럽고 연한 향의 기름은 착유하여 비누의 원료, 또는 땅콩우유를 만들기도 한다. 그 외에 플라스틱, 수성페인트, 합성섬유의 원료 등으로 쓰인다.

### 3) 팥(red bean)

팥은 소두(小豆), 적두(赤豆)라고도 하며 원산지는 중국 일대일 것으로 추정하고 있다. 우리나라에는 중국으로부터 들어온 것으로 생각되며 재배역사도 오래된 작물이다. 씨껍질의 색깔에 따라서 붉은팥, 검정팥, 푸른팥, 얼룩팥 등으로 구별한다. 쌀과 섞어 팥밥을 지어먹고, 떡, 빵, 과자 등의 팥고물로 이용하며 팥죽을 쑤어 먹기도 한다.

### 4) 녹두(mung bean)

녹두의 원산지는 인도로 추정되며 중국, 인도, 우리나라 등의 아시아지역이 주산지를 이룬다. 녹두의 색은 녹색인 것이 약 90%를 차지하나 황색, 녹갈색, 흑갈색인 것도 있다. 녹두의 크기는 팥보다 작지만 형태는 유사하며 따뜻한 기후를 좋아하고 습하지만 않으면 척박한 토양에도 잘 적응한다. 녹두는 주로 숙주나물, 녹두묵, 당면, 빈대떡, 떡과 과자 등의 고물, 죽 등에 이용한다.

### 5) 강낭콩(kidney bean)

강낭콩의 원산지는 멕시코 중앙부에서 과테말라, 온두라스 일대이며 까치콩, 나물콩, 제비콩이라고도 한다. 우리나라에서는 중국 남쪽지방에서 들어왔다고 하며 일제 강점기에 일본에서 여러 품종을 도입하여 식용으로 재배하였다. 열매는 밥에 넣어먹거나 떡, 과자의 소로, 어린 꼬투리는 채소로 쓰인다.

### 6) 완두(peas)

완두의 원산지는 지중해 연안으로 고대 그리스, 로마시대에 이미 재배되었으며 우리나라에서의 재배 역사는 그리 오래지 않다. 꼬투리는 콩과 유사하나 조금 더 크고 표면이 매끄러운 편이다. 완두는 팥이나 강낭콩처럼 밥에 넣어먹거나 떡, 제과, 제빵에 이용된다. 성숙하기 전의 푸른 콩은 통조림으로 가공하여 수프, 샐러드 등의 재료로 쓰인다.

### 7) 동부(asparagus bean)

동부는 콩과에 속하는 일년생 덩굴식물로 인도가 원산지이며 서부아프리카에서 세계 생산량의 약 90%가 생산된다. 동부는 밥에 넣어 먹거나 떡고물, 과자용으로 사용하는데, 최근에는 상업적으로 녹두 대용으로 이용되고 있다.

## 4. 채소류

채소는 일반적으로 식용하는 부위에 따라 엽채류(葉菜類), 근채류(根菜類), 경채류(莖采類), 과채류(果菜類), 화채류(花菜類) 등으로 분류한다. 채소류는 수분이 80~90%를 차지하며 비타민, 무기질, 섬유소 등의 공급원으로 중요하다. 또한 채소류가 갖고 있는 맛, 향기, 색소 등은 우리의 식욕을 돋우어 준다.

### 1) 엽채류

#### (1) 배추(chinese cabbage)

재배종 배추는 야생식물에서 진화된 것이 아니라, 재배식물인 순무와 당배추의 교잡으로 후대에 중국 북부지방에서 탄생한 것으로 추정되고 있다. 한국, 중국, 일본 등에서 가장 중요한 채소 중의 하나로 취급되고 있다. 배추의 품종은 속이 차는 정도에 따라 결구(結球)형배추, 반결구형배추로 구분하며 통상 배추라 하면 결구형배추를 말한다.

우리나라는 오래 전부터 조선배추와 개성배추 등의 반결구형이 널리 이용되었는데, 개량된 결구형배추가 도입된 후에 결구형배추의 재배면적이 급속히 늘어났다.

### (2) 양배추(cabbage)

양배추의 원산지는 지중해 연안과 소아시아이며 품종은 색에 따라 보통양배추와 자색양배추로 구분하다. 수산을 함유하지 않아서 칼슘 급원으로서 가치가 높다. 신선한 양배추는 샐러드로 많이 이용하고 식초나 소금에 절임, 김치, 수프 등에 이용한다.

### (3) 시금치(spinach)

시금치는 아시아 서남부가 원산지이며 비타민, 무기질 등의 함량이 많은 진한 녹색 채소이다. 시금치는 내한성이 강하여 가을부터 겨울에 공급되어온 채소로 겨울철 비타민 C의 공급원으로서 중요하였으나 요즈음은 연중 공급되고 있다. 겨울에 노지에서 자란 시금치가 시설재배한 것보다 더 달고 맛이 좋다.

시금치에는 수산이 0.2~0.3% 가량 들어있는데 수산을 많이 먹게 되면 체질에 따라 체내의 칼슘과 결합하여 녹지 않는 수산칼슘으로 변한다. 이것이 신장과 요도에 결석을 가져오게 되는데 500g 이상을 매일 먹는 경우에 일어나므로 우리가 먹는 양으로는 별로 문제가 되지 않는다. 결석이 가장 잘 형성되는 것은 칼슘과 수산의 비가 1 : 2 일 때이고, 이보다 칼슘 량이 많으면 결석이 안생기고 체외로 배설되므로 칼슘 함량이 높은 식품과 함께 섭취하는 것이 좋다. 데치거나 끓이면 수산이 조리용수에 우러나와 상당량 제거된다.

### (4) 상추(lettuce)

상추의 원산지는 유럽과 서아시아이다. 상추의 품종은 다양하며 크게 결구상추, 잎상추, 배추상추, 줄기상추로 나눈다. 우리나라에서는 주로 잎상추를 재배하는데 수확방법에 따라 포기상추와 치마상추로 나누고, 잎의 색으로 적상추와 청상추로 나눈다. 일반적으로 치마상추보다 포기상추가 맛이 좋은 편이며, 청상추보다 적상추가 맛이 좋다. 양상추는 결구상추이며 주로 샐러드로 이용된다.

상추의 줄기에서 나오는 우유빛 즙액에 락투세린과 락투신이 들어있는데 이 성분은 진통과 최면 효과가 있어 상추를 많이 먹으면 잠이 온다. 좋은 상추는 싱싱해야 하며 잎이 힘이 있으면서도 조직이 부드러운 것이 좋다.

### (5) 쑥갓(garland chrysanthemum)

쑥갓은 유럽이 원산지이며 서양에서는 주로 관상용으로, 동양에서는 채소로 재배한다. 제철은 11월부터 3월이나 연중재배 되고 있다. 좋은 쑥갓은 잎이 싱싱하고 색이 진하며, 광택이 있는 것이 신선하다. 또 길이가 15㎝ 내외의 것이 좋으며, 줄기가 굵지 않고 가늘며 손으로 잘 부러지는 것이 좋다. 줄기 아래 쪽에도 잎이 잘 붙어있는 것이 좋다. 쌈, 나물, 쑥갓강회 등에 이용된다.

### (6) 샐러리(celery)

샐러리는 지중해 연안과 중동에 이르기까지 야생종이 분포되어 있고, 미나리과로 일·이년생 초본이며, 처음에는 냄새제거 및 약용으로 이용되다가 17세기에 식용이 되었다. 우리나라에는 19세기 후반에 도래하였는데 강한 향기로 널리 보급되지 않았고, 근래에도 양채(洋菜)의 영역을 벗어나지 못하고 있다. 샐러드와 수프에 넣기도 하며, 육류와 함께 삶는 조리에 이용한다.

### (7) 미나리(water dropwort)

미나리는 한국, 일본, 중국, 타이완, 말레이시아, 인도 등에 분포되어 있다. 습지에서 자라며 주로 논에서 재배한다. 미나리의 종류로는 돌미나리, 밭미나리, 논미나리가 있다. 돌미나리는 자연산을 채취한 것이고, 밭미나리는 돌미나리를 밭에서 재배한 것으로 성분은 돌미나리와 유사하나 잎과 잎자루가 갈색이고 줄기 안쪽의 수(數)가 비어있지 않고 내용물이 꽉 차 있는 것이 특징이다. 논미나리는 논에서 재배한 것으로 줄기가 길며 줄기 안쪽이 비어있고 조직이 유연하다. 또한, 잎이 크고 둥글며 잎과 잎자루의 색이 선녹색이다.

미나리에 있는 거머리는 놋수저를 넣은 물 속에 함께 담가두면 거머리가 빠져나와 가라앉는다. 미나리에는 독을 해독하는 성분이 있어서 특히 복어요리에는 필수적이다. 좋은 미나리는 푸른 녹색으로 잎이 신선하고 줄기가 매끄러우며 줄기에 연갈색 부분이 없는 것이 좋으며, 줄기를 눌러보아 탄력이 있으며 두껍고 굵으며 마디 사이가 짧은 것이 좋다.

미나리는 나물, 무침, 강회, 초대, 탕평채, 죽 등으로 이용하고 김치, 생선 매운탕, 찜 등에도 이용한다.

#### (8) 갓(mustard leaf)

갓은 한국, 중국 등에 분포하며, 우리나라에는 중국으로부터 들어왔다. 식물의 전체 높이는 1m 정도이다. 잎 모양은 넓은 긴 타원형으로 끝이 둥글고 밑 부분이 좁으며 잎가장자리에 불규칙한 톱니가 있다. 봄부터 여름까지 노란 꽃이 핀다. 잎의 색은 녹색과 자색이 도는 녹색의 두 종류가 있으며 전자를 청겨자, 후자를 적겨자라 한다. 잎은 주로 김치의 주재료 또는 부재료로 쓰이며 쌈, 나물로도 이용하는데 향기와 단맛이 있으며 약간의 매운맛도 있다. 종자는 가루로 만들어서 향신료인 겨자로 사용한다.

### 2) 근채류

#### (1) 무(radish)

무는 배추와 함께 우리나라의 2대 채소 중의 하나이며 일·이년생 초본으로 원산지는 지중해로부터 중앙아시아를 거쳐 중국으로 전해졌으며 우리나라에서는 삼국시대 때부터 재배되었다. 주로 중국, 우리나라, 일본 등이 주산지이다. 전파경로에 따라 재래 무와 일본 무가 있다. 재래종은 중국을 통하여 들어온 것으로 깍두기나 김치용으로 많이 쓰이며, 일본 무는 주로 단무지용이다. 서양 무에는 붉고 둥근 20일 무, 붉고 긴 40일 무, 검정 무 등이 있다. 수확하는 시기에 따라 봄 무, 여름 무, 가을 무가 있다. 봄 무는 6~7월, 여름 무는 8~9월에, 가을 무는 11월 경에 수확하며, 여름 무는 고랭지에서 재배된다. 봄 무와 여름 무는 수분이 많고 육질이 연한 데 비해, 가을 무는 육질이 단단하고 단맛이 강하고, 저장성이 좋아 주로 김장용, 겨울 저장용으로 이용한다. 또한 크기에 따라 대형 무(깍두기, 단무지 제조용), 소형 무(알타리 무, 총각 무)로 분류하기도 한다.

좋은 무는 무겁고 육질이 단단하고 치밀하며, 매운 맛이 적고 단맛이 많아야 한다. 또한 진흙에서 재배한 것으로 잔뿌리가 적고 청색 부분이 1/5 정도이면서 모양이 매끄럽고 바르며 광택이 있는 무가 좋다. 무씨를 싹 낸 것을 무순이라 하며, 무순은 무의 매운 맛이 다소 강하므로 생선초밥, 생선회, 소고기말이, 샐러드 등에 이용된다.

### (2) 순무(turnip)

순무는 유럽이 원산지이며 우리나라에서는 개성과 강화도에서 주로 재배된다. 모양은 매끈한 편구형, 구형 등이고 색은 백색, 홍색, 녹색, 홍자색 등이 있다. 순무는 맛이 달고 순하며 배추뿌리 맛과 유사하다. 성분은 무와 비슷하며 비타민 C, 칼슘 등이 풍부하다. 신선한 순무는 맛이 달고 순하며 조직감이 좋아서 전채요리나 과일 대용의 후식, 샐러드, 술안주 등으로 이용된다. 순무를 납작썰기로 하여 깍두기 또는 석박지 같은 김치나, 또는 손가락 굵기로 썰어 동치미 형태의 김치를 담그거나 피클을 만드는데 이용된다.

### (3) 당근(carrot)

당근은 아프가니스탄이 원산지이며, 전 세계에서 재배된다. 여름과 가을 1년에 두 번 수확하며 가을에 수확한 당근이 연하고 수분 함량이 높고 맛이 좋다. 뿌리모양은 긴 원뿔모양으로 대부분 주황색이나 서양에는 적색, 홍색도 있다. 서양에는 길이 5㎝ 정도인 한 입에 먹을 수 있는 미니 당근(baby carrot)도 있다. 당근은 단맛이 많아 생식 또는 샐러드로 많이 이용되며, 채쳐서 기름에 살짝 볶아 나물로 또는 잡채, 김밥의 재료로 이용한다. 서양조리에서는 주 요리에 곁들이는 익힌 채소 중의 대표적인 것이고, 갈아서 체에 걸러 당근 수프를 만들거나, 채쳐서 당근 케이크 등에 넣는 등 매우 다양하게 이용된다. 좋은 당근은 선홍색으로 매끈하고 모양이 좋으며 머리 부분에 검은 테두리가 없고 가운데 심이 없는 것이다.

#### (4) 생강(ginger)

생강은 동남아시아가 원산지이며, 우리나라에서는 충남 해미, 전북 전주, 전남 나주산이 유명하다. 생강의 매운 맛 성분은 진저론(gingerone), 진저롤(gingerol), 쇼가올(shogaol) 등이다. 이들 성분은 위점막을 자극하여 위액 분비를 증가시키고 소화를 촉진하는 작용이 있다. 생강은 김치 양념에 필수이고, 그 외의 생선, 육류 요리에 냄새 제거용으로 많이 쓰이며, 엷게 저며서 꿀이나 설탕에 재었다가 먹으며(편강), 설탕에 졸인 생강정과 설탕에 졸인 후 말린 생강편, 물에 끓인 생강차, 수정과 등에 이용된다. 조리에 사용하고 남은 생강은 곱게 다져서 청주를 1:3의 비율로 넣어 병에 보관하면서 생선이나 돼지고기 요리에 사용한다. 좋은 생강은 굵지 않고 색이 좋으며 신선하고 육질이 충실해서 섬유가 발달하지 않고 씹는 맛이 좋은 것이다.

#### (5) 토란(taro)

토란의 원산지는 인도와 동남아시아이며, 우리나라에서는 추석에 절기 식품으로 이용되고, 토란 줄기도 말려 두었다가 겨울철의 저장채소로 이용하기도 한다. 토란은 고구마와 같은 다른 서류와 크게 다를 것은 없으나 점질물질이 있어 다소 색다른 맛을 준다. 토란의 아린 맛은 물에 미리 담가 놓으면 제거할 수 있다. 토란은 점질로 둘러싸여 있어 조미료가 내부까지 침투하기 어려우므로 조미하기 전에 소금으로 문지르거나, 끓는 물에 데쳐내어 먼저 이를 제거해 주도록 한다.

### 3) 경 · 인경채류

#### (1) 파(welsh onion)

파는 중국이 원산지로 동양에만 있고 서양에는 없는데, 중국에서는 3,000년 전부터 재배되어 왔으며 우리나라에는 고려 이전에 들어온 것으로 추측된다. 파는 크게 쪽파와 대파, 실파로 나누어진다. 줄기와 잎 부분이 연하고 탄력이 있으며 특유의 매운 맛과 향기를 지니고 있다. 파는 예부터 감기의 악화를 예방하는데 쓰여 왔고, 소변을 좋게 하며 흥분을 가라앉히는 데도 쓰여 왔다. 파는 그 자체를 주재료로 하여 음식을 만들기도 하나, 한국 음식의 양념으로 쓰여 음식 맛을 돋우어 주고 영양가도 높여준다. 그러나 미역국에는 파를 넣지 않는다. 좋은 파는 잎이 진한 녹색으로 황갈색의 녹쓴 반점이 없고, 윤기가 있고, 힘이 있으며 꺾인 부분이 없이 곧바른 것이 좋다. 뿌리는 전체가 희고 곧으며 단단하고 탄력이 있는 것이 좋다. 또한 백색 부분과 녹색 부분이 확실히 구분되는 것이 좋다.

#### (2) 양파(onion)

양파의 원산지는 지중해 또는 중앙아시아 지역으로 재배역사는 4천 년이 넘지만 우리나라에서는 조선 말엽 미국과 일본에서 전해졌다. 양파의 잎과 줄기의 전체 높이는 50~100㎝에 이르며, 식용부위는 지하의 비늘줄기가 비대해진 것으로, 구형 또는 편 구형으로 무게는 150~200g이다. 껍질의 색은 백색, 황갈색, 자색이 있다. 양파의 매운 맛 성분은 마늘과 유사하며 물로 씻거나 물에 담그면 제거된다. 양파는 튀김, 수프, 소스, 고기요리, 생선요리, 스파게티 미트소스 등 요리의 주, 부재료 또는 향신료로서 다양하게 이용된다. 껍질의 색이 자색인 것은 매운 맛이 적어 단양파라고도 하며, 샐러드나 샌드위치 등에 넣어 먹는다. 양파는 흠이 없고 만져 봐서 육질이 단단하고 탄력이 있으며, 공같이 둥근 것이 맛도 좋고 저장성도 좋다.

#### (3) 마늘(garlic)

마늘의 원산지는 서아시아이다. 마늘은 가을에 심어서 다음해 6~7월에 수확하며 잎과 줄기의 전체 높이는 60㎝ 정도이다. 마늘은 재배하는 곳에 따라 논 마늘과 밭 마늘로 나뉘고, 껍질의 색은 흰색과 자주색이 있다. 또한 마늘은 쪽수에 따라 6쪽 마늘, 여러 쪽 마늘, 장손마늘(잎, 풋마늘용)로 분류된다. 마늘은 한국음식에서는 없어서는 안 될 향신료로서 모든 음식의 양념으로 이용될 뿐 아니라 부식으로도 많이 이용된다. 마늘잎은 풋마늘이라 하여 초고추장에 양념을 하여 버무리거나 찌개에 넣는다. 마늘쫑은 마늘잎 사이로 나온 가늘고 연한 대로서 신선한 대는 고추장이나 된장에 박아서 장아찌로 또는 멸치나 건새우와 함께 기름에 살짝 볶아서 밑반찬으로 이용한다. 좋은 마늘은 육쪽 마늘로 자주색 껍질에, 껍질이 잘 벗겨지지 않는 것이 좋으며, 밭 마늘이 논 마늘보다 저장성이 좋다.

### (4) 부추(chinese chive)

부추의 원산지는 동남아시아와 중국의 서북부이다. 부추는 봄에 작은 비늘줄기에서 가늘고 긴 잎이 여러 가닥 나오는데, 우리가 식용으로 이용하는 것은 바로 이 부분이다. 종류는 잎의 모양에 따라 소엽과 대엽으로 분류한다. 소엽은 잎이 둥글고 가늘며 작은데 추위와 더위에 잘 견디는 특징이 있으며, 대엽은 잎이 납작하고 더위와 건조에 매우 약하다. 중국 부추는 뿌리부분이 흰색이며 줄기부분이 우리나라 조선부추에 비해 길다. 부추를 많이 먹으면 위장이 약하거나 알레르기 체질인 사람은 부추 성분으로 인해 설사를 하기도 한다. 김치나 나물, 전, 강회, 만두 속 등에 이용한다. 또한 달걀이나 육류와 함께 중국요리에 많이 쓰인다. 좋은 부추는 몸통줄기가 통통하고 몸통의 흰 부분이 긴것, 잎과 줄기가 연하고 색이 뚜렷한 것, 망울이 없고 잎이 마르지 않은 것, 뿌리의 절단면이 윤기 있고 싱싱하며 특유의 향기를 지닌 것이 좋다.

### (5) 죽순(bamboo shoot)

대나무는 인도, 말레이시아 등 동남아시아에는 물론 중국, 일본, 한국 등에 많으며 봄철 비가 온 직후에 솟아오른 순을 식용으로 한다. 지하경을 심어서 4~5년 후 수확하며, 어린 줄기는 3~5월에 잘라 식용으로 한다. 식용으로 하는 죽순의 종류로는 왕대, 솜대, 죽순대이며, 죽순대의 죽순을 상품으로 친다. 죽순을 삶은 후 표면에 나타나는 흰 가루는 조리수에 용해된 티로신과 전분이 냉각 후 석출, 침전되기 때문이다. 수산이 앞 끝과 밑 부분에 많이 있으며, 하루정도 방치하면 증가하여 아린

맛을 낸다. 그러나 쌀겨 물에서 잘 씻으면 많이 제거된다. 독특한 질감과 아린 맛, 사각사각 씹히는 맛이 특징이다. 죽순은 채취한 후 즉시 삶아야 질감과 맛이 더 좋다. 죽순을 삶을 때는 껍질을 벗기지 않고 통째 삶고 삶은 죽순은 물 속에 오래 담가두면 죽순의 좋은 맛이 없어지므로 흐르는 물에 재빨리 씻어낸다. 죽순은 볶음, 탕, 찌개, 전골, 국, 무침과 중국요리 등에 다양하게 이용된다. 또한 염장하거나 통조림으로 가공하기도 한다. 좋은 죽순은 어릴수록 연하고 잡맛이 없어서 상품으로 친다. 반대로 클수록 쇠어서 맛이 질겨진다. 또한 겉껍질이 노르스름한 빛깔을 띠는 것, 만져 보아 말랑말랑한 느낌이 들수록 연하고 부드러운 맛을 지니고 있다. 외피의 색은 담갈색, 모양은 땅딸막한 포탄형이고, 마디 사이가 짧고 자른 부분과 껍질의 색은 순백에 윤이 나는 신선한 것이 좋다.

#### (6) 아스파라거스(asparagus)

아스파라거스는 남유럽이 원산지이며, 연한 어린줄기를 식용하는데, 녹색인 것과 백색인 것이 있다. 녹색인 것은 저장성, 영양성이 뛰어나며 조직이 연하다. 백색인 것은 주로 통조림용으로 쓰인다. 백색 아스파라거스는 수확 후 변질이 빨라 섬유질로 되고 억세고 쓴맛이 생기며 변색하므로 냉장 또는 가공이 필요하다. 밑 부분의 쓴 맛은 사포닌에 기인한다. 녹색인 것은 샐러드로 또는 기름에 살짝 볶거나, 끓는 물에 살짝 데쳐서 먹는다. 아스파라거스는 길이가 20~25㎝ 정도가 좋으며 두꺼울수록 좋고 생장점 순 끝이 벌어지지 않은 것이 좋다. 이삭 끝은 물론 전체가 진한 녹색이 좋으며 줄기가 생기가 있고 힘이 있어야 한다. 보랏빛이 나는 것은 수확 후 기간이 오래 경과된 것이다.

### 4) 과채류

#### (1) 토마토(tomato)

토마토의 원산지는 남미의 잉카이다. 붉은 색, 주황색, 황색이 있고 크기에 따라 무게가 150g 이상인 보통 토마토(스테이크 토마토)와 20g 정도인 방울토마토(체리 토마토) 등이 있다. 토마토는 덜 익은 상태로 수확하여 냉장 또는 상온에 보관하면 후숙되어 빨갛게 된다. 붉은 색은 라이코펜(lycopene)으로 성숙함에 따라 많아지며 수확 후에도 합성되어 붉은 색이 진해진다. 신선한 토마토는 샐러드, 후식, 주스 등으로 이용한다. 이탈리아 요리에서는 수프, 스튜, 피자 등 토마토를 이용한 요리가 많다. 가공품으로는 퓌레(puree, 토마토를 썰어 고운 체로 걸러 농축시킨 것), 케첩(퓌레에 향신료, 소금, 식초, 설탕을 가미한 것) 등이 있다. 토마토는 색이 진하고 껍질이 탄력과 윤기가 있고 표면이 갈라짐이 없이 깨끗하며 꼭지가 파란 것이 신선하다.

#### (2) 가지(eggplant)

가지는 인도 동남부가 원산지이다. 모양이 원형, 달걀형, 대장형, 중장형, 장형인 것이 있고 색에 따라 흑자색, 자갈색, 청백색, 자주색, 흰색, 노랑색, 녹색 줄무늬로 되어 있는 것 등 세계 각지에 150여 종이 분포되어 있다. 우리나라에서 재배되는 가지는 진한 흑자색이고 긴 장방형이다. 썰어 놓은 가지는 색의 변화를 막기 위해 우유에 담가 보관하면 좋다. 가지는 찜, 나물, 무침, 튀김 등으로 이용한다. 제철은 초여름부터 가을이며 흑자색이 아름답고 털과 광택이 있는 것이 양질이다. 손상이나 주름이 있거나 갈색으로 변해 있는 것, 색이 바란 것은 피한다. 꼭지가 검고 절단면이 싱싱한 것으로 바늘이 있고 단단하여 아플 정도면 신선한 것이다.

#### (3) 고추(red pepper)

고추의 원산지는 남아메리카이며, 우리나라에는 임진왜란 때 일본에서 들어왔다. 고추에는 매운 고추와 맵지 않는 고추가 있는데, 매운 고추에는 재래고추, 칠리가 있고, 피망, 파프리카는 맵지 않은 품종으로 단 고추로 불린다. 고추에 함유되어 있는 비타민 C는 모든 채소 중에서 가장 많다. 고추는 너무 많이 먹으면 위와 장을 자극하여 설사를 하고 간장기능을 해친다.

고추장, 김치 등에 이용하거나 실고추로 만들어 장식용으로 이용한다. 고추를 건조시키는 방법에 따라 태양초는 태양빛으로 건조하여 빛깔이 선명하고 매운 맛이 강한 반면, 열에 의하여 건조시킨 화건초는 껍질이 얇고 단맛이 난다.

### (4) 오이(cucumber)

오이는 인도의 북서가 원산지이다. 요즘은 일년 내내 재배가 이루어지나 최성기는 여름이다. 종류로는 가시오이(취청오이: 가시가 또렷하게 돋아있다), 백다다기오이(매끈하게 흰색이 돌며 아삭아삭하게 씹히는 맛이 있다), 피클오이(길이 10㎝ 정도)가 있다. 다다기오이는 오이지나 오이소박이, 취청오이는 날것으로 먹거나 오이나물, 냉국 등에 이용한다. 좋은 오이는 굵기가 머리에서 끝 부분까지 일정하게 고르고 모양이 반듯하여 구부러지지 않고, 푸른색이 선명하고, 꽃이 붙어있는 것이 좋다. 만져보아 단단한 것이 신선한 것이다.

### (5) 호박(pumpkin)

호박의 원산지는 지중해 연안이며 종류로는 동양호박, 서양호박, 관상용 호박 등이 있으며 품종에 따라 크기, 색, 형태 등이 다양하다. 동양호박에는 애호박, 늙은 호박이 있다. 서양호박으로 단호박은 밤호박이라고도 하며 고구마와 밤의 중간 정도의 맛과 질감을 지닌다. 약호박은 약용으로 쓰이며 화초호박이라고도 한다. 빨간색의 고운 빛깔을 지니고 있어 관광용으로도 쓰인다. 어린호박은 채소로 이용하거나 건조시켜 사용한다. 늙은 호박은 엿, 떡, 범벅, 중탕, 죽 등으로 이용하며, 서양에서는 수프, 퓌레, 잼, 파이 등에 이용한다. 늙은 호박은 꼭지부분이 안쪽으로 많이 들어간 것이 당도가 높으며 잘랐을 때 흰가루가 많이 붙어 있지 않은 것이 좋다.

### (6) 수박(water melon)

수박의 원산지는 아프리카이며, 과육의 색이 적색, 황색인 것, 모양이 구형, 타원형인 것, 또한 과피의 색이 녹색, 줄무늬, 황색인 것 등이 있으며 크기도 다양하다.

수박은 6~8월이 제철로 두드리면 맑고 높은 소리가 나며 표면에 흠집이 없고, 꼭지가 마르지 않은 것이 신선하고 잘 익어 맛이 있다. 수박꼭지가 약간 안으로 들어간 것, 꽃 떨어진 부분 즉 배꼽자리가 아주 작게 축소된 것, 지면에 닿았던 부분이 노랗게 된 것이 맛이 있다.

#### (7) 참외(oriental melon)

참외의 원산지는 인도이며 한국, 중국, 일본 등에 분포되어 있다. 참외와 멜론은 원산지로부터 전파되어 환경에 적응한 것으로 서양계 멜론과 동양계 참외로 분리되었다. 참외는 외피가 백색 또는 황색이고 매끈하며 과육은 대부분 희고 육질은 연하고 맛이 달다. 참외는 생과, 화채, 주스, 장아찌 등에 이용한다. 참외가 완숙되면 품종 고유의 색과 향기가 짙어지고 감미도가 높아진다.

#### (8) 딸기(strawberry)

딸기의 원산지는 북아메리카이다. 딸기는 저장성이 매우 약하며, 모양이 바르고 전체가 고르게 착색되어 있는 것이 좋다. 대부분 신선한 상태의 생과로 이용되고 있으며, 주스, 잼, 젤리, 제과원료, 냉동딸기 등으로 이용된다.

### 5) 화채류

#### (1) 콜리플라워(cauliflower)

콜리플라워는 지중해가 원산지이며, 꽃양배추라고도 한다. 잎은 길고 둥근 모양이며, 줄기 끝에 흰색의 꽃봉오리가 다발로 뭉쳐 있으며 꽃대와 꽃을 식용으로 사용한다. 가장 맛이 좋은 계절은 날씨가 추운 겨울과 이른 봄이다. 생으로 또는 살짝 데쳐서 샐러드용으로 이용하거나 양식의 주요리에 곁들이며 그 외에 소테, 프리터, 그라탕 등에 쓰인다. 좋은 콜리플라워는 꽃봉오리들이 밀집되어 단단하고 구형이 좋다. 지름 15㎝ 전후가 좋고 너무 큰 것은 맛이 덤덤하다. 순백색이 좋으며, 크림색의 것은 퇴색한 것으로 수확 후 오래되었거나, 직사광선에 노출된 것이므로 좋지 않다. 꽃봉오리가 벌어져 핀 것은 좋지 않다.

(2) 브로콜리(broccoli)

브로콜리의 원산지는 지중해 또는 소아시아이다. 가지 끝에 녹색의 꽃봉오리가 다발로 뭉쳐 있으며 이 부분을 식용한다. 생으로 또는 살짝 데쳐서 샐러드, 수프, 그라탕, 볶음 등으로 이용한다. 진한 녹색으로 꽃봉오리가 서로 밀집되어 있어 단단하며 구형의 것이 좋다. 자색을 띠는 것은 저온 탓으로, 데치면 녹색이 되며 맛에는 변화가 없다. 황색이나 다갈색으로 변한 것이나 줄기 부분이 갈라진 것은 수확 후 오래되어 노쇠한 것이다.

## 5. 과일류

과일은 채소에 비하여 각종 유기산과 포도당, 과당, 설탕 등의 당분이 풍부하여 단맛과 상쾌한 신맛을 가지며, 또한 향기와 다양한 색은 식욕을 촉진시킨다. 과일은 수분함량(약 85~90%)이 많고 수확 후에도 화학적 변화가 계속되어 신선도가 쉽게 떨어진다. 우리나라의 국민 1인당 과일 소비량은 다른 나라와 비교했을 때 아직 낮은 편이다.

### 1) 인과(仁果)류

(1) 사과(apple)

사과의 원산지는 코카서스 북방지대라고 알려져 있으며 현재 재배되고 있는 품종은 주로 유럽과 서아시아에 분포된 원생종 중에서 개량된 것이다. 우리나라는 온대

북부에 위치하고 있어 기후적으로 사과 재배에 알맞으며 예로부터 사과의 일종인 능금(*Malus asiatica*)을 재배하였다. 현재 재배하고 있는 개량종 사과가 도입된 역사는 길지 않다. 우리나라의 사과 품종은 국광(國光)과 홍옥(紅玉)이 전체 사과 품종의 약 32%를 차지하였으나, 요즈음은 저장력이 좋고 품질이 우수한 후지(fuji), 쓰가루, 조나골드(Jona-gold) 등을 재배하고 있다. 사과는 주스, 잼, 젤리, 사과주(cider), 사과초 등으로 많이 이용한다.

### (2) 배(pear)

배의 원산지는 중국 또는 중앙아시아이며, 품종으로는 동양배와 서양배가 있다. 동양배는 한국, 일본, 중국에서 재배되고 있는 대부분의 배로, 돌배나무를 개량한 품종이다. 과일은 둥글고 과즙이 많아 시원한 맛과 아삭아삭한 질감이 뛰어나며 저장성도 높은 편이다. 서양배는 표주박 모양이며 석세포가 적고 단맛이 강하고 향기가 매우 좋다. 그러나 수분 함량이 적고 푸석푸석하고 무르다.

동양배는 주로 생과일이나 주스로 이용하며 김치, 연육용으로 고기를 잴 때 이용된다. 서양배는 통조림, 설탕 절임 등 주로 가공에 이용된다. 배는 껍질이 얇고 투명하면서 석세포가 두드러지지 않은 배가 연하며, 모양이 둥글고 배의 꼭지 반대편 뒷부분의 둥근 부분이 고른 원형인 것이 수분이 많고, 당도가 높으며 아삭아삭하고 연하다.

### (3) 감(persimmon)

감은 동아시아 온대지역에 특유한 과일로 중국, 일본, 한국이 원산지이다. 감은 떫은 감과 단감이 있는데 우리나라 재래종은 대개 떫은 감이고 외래종 단감이 남부지방에서 재배되고 있다. 단감은 나무에서 과일이 성숙되는 동안 가용성 탄닌이 불용성 탄닌으로 변화되어 떫은맛이 느껴지지 않는 품종이다. 단감의 속이나 껍질의 검은 반점은 탄닌이 불용화된 변형된 탄닌 세포이다. 떫은 감은 성숙해도 가용성 탄닌을 함유하기 때문에 그대로는 먹을 수 없어 식용으로 하기 위해서는 소금물에 담그는 등 인위적인 처리에 의해서 가용성 탄닌을 불용성으로 바꿔야 한다. 잘 익은 홍시, 우린감, 곶감 등도 수용성 탄닌이 효소에 의해 불용성으로 변해 떫은맛이 줄고 단맛이 증가된다. 곶감 표면의 흰 분말은 만니톨(mannitol)이다. 탄닌은 수렴작용이 강하기 때문에 지사, 지혈작용이 있다.

단감은 잘 익은 것을 생식하고, 떫은 감은 떫은맛을 없앤 뒤에 식용하며 또는 가공하여 건시로 만들어서 사용한다. 또 수정과, 통조림 등을 만들며, 감잎은 차를 끓여 먹는다. 좋은 감은 들어보았을 때 묵직하고 색이 고르고 얼룩이 있거나 변색하지 않은 것으로 잘라 보았을 때 씨가 적은 것이 좋다.

### (4) 감귤류(citrus fruits)

감귤류는 운향과 감귤나무아과 중에서 감귤속, 금감속, 탱자나무속에 속하는 각종 및 이들 3속에서 파생되어 온 품종의 총칭이다. 오렌지, 레몬, 자몽, 하귤(여름귤), 팔삭, 금감(낑깡), 온주 밀감 등 10여 종이 있으며 귤은 온주 밀감을 말한다. 감귤류 중에서 껍질을 벗기기 쉬운 것은 밀감이라고 한다. 오렌지는 스위트 오렌지(sweet orange)를 가리키며 바렌시아 오렌지와 네이블 오렌지가 있다.

### (5) 귤(unshiu orange)

귤의 원산지는 중국, 동남아시아이고, 우리나라에서는 제주도에서 약 570년 전부터 재배하였으며 온주 밀감이라고도 한다. 열매는 작은 공 모양이고 지름 5~8㎝이며 주황색이다. 과피가 잘 벗겨지고 가운데 축이 비어 있다. 중심주가 꽉 찬 것을 당귤이라고 한다. 주로 생과로 먹는다. 재배종으로는 조생종・중생종・만생종 등 10여 종류가 있다. 귤 속껍질의 흰 부분에 많이 들어있는 헤스페리딘은 혈관에 저항력을 주어 동맥경화, 고혈압 예방에 효과가 있다. 잼(jam), 마멀레이드, 주스, 통조림 등으로 이용한다. 좋은 밀감은 들어보았을 때 무게가 있고 적당히 광택이 나는 것을 고른다. 껍질이 지나치게 광택이 나는 것은 왁스를 칠하여 닦은 것이기 때문에 피한다. 껍질의 흰 가루는 석회이므로 걱정할 필요는 없다. 껍질이 들떠 있는 것은 수분이 적고 새콤달콤한 맛이 부족할 경우가 있다.

## 2) 핵과(核果)류

### (1) 복숭아(peach)

복숭아의 원산지는 중국 황하 상류의 고원지대이다. 품종으로는 솜털이 있는 것과 없는 것, 과육이 핵에서 잘 떨어지는 것과 안 떨어지는 것, 과육의 색이 백색, 황색, 붉은 색 등 여러 종류가 있다. 백색 꽃이 피는 것을 백도, 백색의 겹꽃이 피는 것을 만첩백도, 붉은 색 꽃이 피는 것을 만첩홍도, 붉은 색이 나지만 백색 비슷한 꽃이 피는 것을 바래복숭아, 과일의 모양이 감처럼 편평한 것을 감복숭아, 열매에 털이 없는 것을 승도, 핵이 잘 떨어지고 밑부분이 들어가며 끝이 뾰족하고 둥근 것을 용안복숭아라 한다.

백도는 과육은 흰색이고 당도가 높고 완전히 익으면 과즙이 많고 부드러워 매우 맛이 좋다. 그러나 쉽게 물러져 저장이 어렵다. 황도는 과육의 색이 황색이며 백도에 비해 신맛이 강하고 과육이 단단하며 주로 통조림으로 이용한다. 복숭아는 주로 생과, 통조림, 잼, 술에 이용되며 좋은 복숭아는 모양이 좌우대칭이고 상처가 없으며 잘 익은 것이 맛이 좋다. 덜 익은 것은 떫은맛이 나지만 잘 익으면 떫은맛은 자연히 없어진다. 잘 익은 복숭아는 뒷면에 파란기가 없으며 향기가 진하다.

### (2) 자두(plum)

자두의 원산지는 중국이며 품종은 동양자두, 서양자두가 있으며 색은 주황색, 홍색, 검붉은색, 자색, 황색, 황백색 등이 있다. 동양자두는 포모사, 피자두, 산타로사 등의 품종이 있으며 수분이 많고 새콤달콤하여 생과로 먹기에 좋다. 서양자두는 모양이 타원형이며 검은 청자색이며 건과로 많이 이용한다. 자두는 생과, 잼, 젤리의 원료, 통조림, 과일주 등으로 이용된다. 미국에서는 건과로 이용하는 품종을 플럼이라고 하며, 마른 자두는 아침식사나 쿠키나 케이크 장식으로 쓴다.

### (3) 살구(apricot)

살구의 원산지는 중국이며, 미국이 세계 최대 생산국이다. 과일은 지름이 3㎝의 둥근 모양으로 털이 많고 주황색이며 과육이 핵에서 잘 떨어진다. 한국종은 유기산이 많아 산미가 강하지만 유럽종은 크고 유기산도 적고 당도와 향이 좋다. 살구는 생과, 통조림, 잼, 술, 소스, 건과 등으로 이용하며 건조 시에는 3~4시간 훈증 처리하여 말린다.

### (4) 매실(Japanese apricot)

매실은 원산지가 중국 강남지방이며, 신라 때부터 관상용으로 재배되어 왔다. 주성분은 유기산으로 주로 구연산이며, 수확 시기는 6월 중순부터 7월 상순경이며, 매실은 저장성이 없으므로 과육이 물러지기 전에 수확하여야 한다. 매실주를 위한 매실은 빛깔이 누렇게 변하기 시작하고 과육이 물러지기 전에 수확하여야 한다.

### (5) 앵두(chinese bush fruit)

앵두는 중국이 원산지이고, 관상용으로 울타리에 심기도 한다. 과일은 지름이 1㎝인 공모양으로 버찌와 비슷하며 6월에 붉은 색으로 익는다. 열매는 생과로 먹고 술이나 화채, 과편(앵두편) 제조에 쓰인다.

### (6) 대추(jujube)

대추은 유럽 동남부와 아시아 동남부가 원산지이다. 한국과 중국을 비롯한 아시아와 유럽에 분포되어 있다. 열매는 길이 1.5~2.5㎝의 타원형이고 익으면 달고 적갈색으로 윤이 나며 8월 하순에서 9월 중순에 수확한다. 껍질은 가죽 같은 질감이고 점착성이 있다. 열매인 대추는 생과로 먹기도 하나 주로 건조시켜서 떡·약식·차·미음·술·대추초 등의 음식에 이용한다. 열매가 많이 열리는 대추는 풍요와 다산의 의미가 함축되어 있어 관혼상제 때 필수적인 과일로 다남(多男)을 기원하는 상징물로서 폐백에 쓰인다.

### 3) 장과(漿果)류

#### (1) 포도(grape)

포도는 서아시아와 지중해가 원산지이며, 인간이 재배한 가장 오래된 작물 중의 하나이다. 포도의 중요한 종으로 유럽종(*V. vinifera*)과 미국종(*V. labrusca*)이 있다. 포도 과피의 색은 짙은 자흑색, 홍적색, 황록색 등이며 모양도 구형, 타원형, 방추형 등 다양하다. 자흑색 품종으로는 거봉, 세리단, 캠벨 얼리, 홍색품종으로는 타노 레드, 델라웨어, 백황색 품종으로는 골든 머스캣, 톰슨 씨드리스, 힘로드 씨드리스가 있다. 포도는 생과로 먹거나 주스, 젤리, 건포도, 셔벗, 잼 등으로 이용한다. 포도는 고유의 색과 특성을 지니고 육질이 단단하고 하얀 분이 고운 것이 좋다. 가지 쪽이 가장 맛있고 송이의 제일 끝부분이 신맛이 강하므로 송이 끝 부분의 맛을 보아 달면 전체가 단 것이다.

#### (2) 바나나(banana)

바나나의 원산지는 열대아시아이며, 고대 아라비아어로 '손가락'이라는 뜻을 지니고 있다. 재배 바나나는 무사 아쿠미나타(*M. acuminata*) 계통과 무사 발비시아나(*M. balbisiana*) 계통으로 나눈다. 무사 아쿠미나타는 인도 동부에서부터 서부 말레이시아 지역까지 분포하는 종으로 열매가 크고 향기가 있으며 날것으로 먹는 바나나의 대부분을 차지한다. 무사 발비시아나는 동남아시아와 미크로네시아, 폴리네시아 서부에 야생한다. 이 종과 무사 아쿠미나타가 자연 교배하여 100여종의 품종이 생겼다. 노란색, 흰색, 연한 갈색, 주홍색 등 색이 다양하고 크기도 엄지손가락만한 것에서부터 50㎝를 넘는 것도 있다.

바나나는 덜 익었을 때 수확하여 후숙시키는 동안 황색으로 되고 과육은 떫은맛이 없어지며 단맛이 생겨 먹기 좋아진다. 날로 먹거나 샐러드, 건조, 분말, 퓌레 등에 이용한다. 요리용 바나나는 기름에 튀기거나 삶거나, 굽거나, 쪄서 먹는다. 바나나의 꼭지가 약간 녹색을 띠고 있는 노란 바나나는 4~5일간 실온에서 보관이 가능하다. 즉시 먹으려면 갈색 점이 있는 바나나가 가장 달고 맛있는 상태이다.

(3) 파인애플(pine apple)

파인애플의 원산지는 중앙아메리카와 남아메리카 북부이다. 열매의 크기는 길이 15~30㎝, 지름 10~15㎝이며, 모양은 원통, 원뿔, 달걀모양 등이 있으며 익으면 주황색에서 노란색으로 되며 향기가 있다. 주 용도는 통조림이며 과자의 재료, 샐러드 등에 이용된다. 수확 후 2~3일 후숙하면 단맛이 많아진다. 맛있는 파인애플은 왕관모양의 머리부분의 잎이 작고 단단하며 진한 녹색으로 싱싱해야 하며, 과육이 멍든 것은 피한다. 껍질의 색이 1/3 정도가 녹색에서 노란색으로 바뀐 것, 단 냄새가 강하게 나는 것, 손가락으로 눌렀을 때 말랑한 것이 없는 것이 맛있다.

## 3) 견과(堅果)류

(1) 밤(chestnut)

밤은 9~10월에 익으며 한 송이에 3개 또는 1개씩 들어있다. 밤나무속 식물은 아시아, 유럽, 북아메리카, 북부아프리카 등의 온대지역에 13종이 분포되어 있다. 이 중 과일로 이용되는 것은 일본밤, 유럽밤, 중국밤, 미국밤 등이다. 우리나라에서는 예로부터 자연방임적으로 재배되어 왔다. 일반적으로 우리 재래밤은 감미가 높고, 중국종은 알이 작고 속껍질이 잘 벗겨지며 단맛이 강해 품질은 좋으나 내충성이 약하며, 일본밤은 감미가 적다. 밤을 조릴 때는 당분이 많으면 칼슘의 흡수를 방해하므로 흑설탕으로 단맛이 약하게 조리는 것이 좋다. 밤을 삶을 때 명반을 약간 가해서 삶이면 고운 황색을 띠게 된다.

보통 날로 먹거나 삶아서 먹고 건조, 통조림, 가루 등으로 가공하여 사용한다. 특히 밤을 넣고 끓인 밤암죽은 우리나라 특유의 이유식으로 어린이나 회복기 환자에게 좋다.

(2) 호두(walnut)

호두는 유럽이 원산지이나 중국 및 아시아에 분포하고 세계 각지에서 재배한다. 호두의 종자는 구형에 가까우나 심하게 주름져 있고 흰색 또는 담황색을 띠며 그

겉면은 막질의 흑갈색인 종피가 있다. 호두는 가을에 따서 물에 담가두거나 한 자리에 쌓아두어 썩혀서 육질의 외과피를 제거하고 햇빛에 말린 뒤 딱딱한 내과피를 깨서 종자를 취한다. 우리나라에는 고려시대에 유청신이 원나라 사신으로 갔다가 가지고 와서 고향인 천안에 처음으로 심었다고 한다.

호두는 그대로 먹거나 과자, 술안주 등에 이용하며, 프랑스나 미국에서도 고급 견과에 속한다. 호두기름은 식용 외에도 화장품이나 향료의 혼합물, 그림물감용 등 용도가 넓다. 호두는 공기 중에서 산화되기 쉬우므로 먹기 직전에 까먹는 것이 좋다. 겉껍질이 있는 것이라도 다음해 4~5월이 지나면 산패하여 맛이 없을 뿐 아니라 영양가도 떨어지게 된다.

### (3) 잣(pine nut)

잣은 한국을 비롯하여 일본, 중국, 시베리아 등지에 분포되어 있다. 잣은 소나무 잎과 같이 뾰족하고 길며 잎은 짧은 가지 끝에 5개씩 달린다. 열매의 전체모양은 솔방울과 같다. 생식, 잣죽, 떡, 과자, 술 등에 이용하고 요리에 곱게 가루로 내어 고명으로 뿌리거나 그대로 쓰기도 한다.

### (4) 은행(ginkgo nut)

은행은 중국이 원산지이며, 살아있는 화석이라고도 한다. 은행나무는 곰팡이와 벌레에 강하고 도심의 탁한 대기 속에서도 살 수 있어 아름다운 관상수로서 세계 여러 곳에서 귀중하게 쓰이고 있다. 은행의 열매는 고약한 냄새가 나는 외종피에 싸여 있고 속에 단단한 껍질이 있다. 그 껍질 때문에 오래 저장할 수 있고 그 안에 배유부분을 먹는다. 사람에 따라서는 은행열매의 외종피가 피부에 닿으면 옻이 오르는데 일종의 알레르기 증세이다. 은행에 함유되어 있는 시안 화합물 때문에 때로는 중독 사건이 일어나기도 한다. 한 임상실험에서 하루에 150개 이상을 먹으면 열이 나고 토하며 호흡이 어려워진다는 보고가 있다.

은행은 굽거나 가열해서 익히면 독성이 줄고 독특한 풍미가 나기 때문에 날것으로는 먹지 않는다. 술안주로 구어 먹거나, 신선로 등 여러 요리의 재료로 쓰인다.

## 6. 수육류(獸肉類)

인간이 가축을 길러서 식용재료로 이용하게 된 것은, 인류 문화의 시작과 함께 자연스럽게 이루어졌으며, 축산은 곧 식용할 고기를 얻는 데에 그 목적이 있었다. 육류는 포유동물로부터 얻을 수 있는 식품으로 동물성 단백질의 주요 급원식품이다. 우리나라에서는 주로 쇠고기, 돼지고기를 선호한다.

### 1) 소(cow)

소는 서부 아시아가 발상지로 원래 야생우였으나 B. C. 5000년경 정착 농업이 시작되면서 가축화되었다. 고기용 소(육우)는 한우, 유럽종, 아시아종으로 구분된다. 한우는 비교적 지방함량이 적고 영양가가 높으며 가열 시 향기 및 질감 등의 기호도가 높아 모든 식육류 중에서 가장 인기가 높다. 소의 품종, 나이, 성별, 영양상태 및 부위에 따라 고기의유연성, 빛깔 및 풍미가 다르다.

쇠고기는 육우로서 사육한 4~5세의 암소고기가 연하고 가장 좋으며, 그 다음에는 비육한 숫소(황소), 송아지, 늙은 소의 순이다. 적당히 성숙하여 잘 비육된 소는 육색소의 함량이 높아 선홍색 내지 적갈색을 띤다. 근섬유는 섬세하고 탄력이 있으며 광택이 나고 특유의 향기가 있다. 또한 백색지방이 근육조직의 내부까지 침착되어 도체 표면에 균등하게 서리와 같이 덮여 있는 상강육(marbling)이 입의 촉감이 좋고 풍미가 높으며 가열 조리하여도 단단해지지 않는다.

늙은 소나 황소의 고기는 암적색을 띠며 지방은 짙은 황색이며 냄새가 강하나 양이 적어서 근육 간에는 거의 존재하지 않는다. 근섬유가 굵고 거칠며 다량의 결합조직을 함유하고 있어 상품적 가치가 떨어진다.

송아지고기는 연령에 따라 빌(veal, 16주 미만)과 칼프(calf, 6~9개월)로 구분하는데, 육색은 담적색을 나타내며 근섬유가 가늘고 지방이 적은 편이다. 또한 수분이 많아 육질이 매우 부드럽고 맛은 담백한 편이나 풍미가 떨어진다.

- 지육(carcass) : 도축된 소는 방혈시킨 후 가죽을 벗기고, 네발, 머리, 꼬리를 절단한 다음 신장과 그 주위의 지방만 남기고 그 외의 모든 내장은 떼어낸다. 이와 같이 해체된 뼈채의 고기. 생체중량에 대한 지육중량의 비를 도육율이라 한다. 도육율은 보통소는 약 50% 정도이며, 비육우는 약 55% 정도이다.
- 정육(fresh meat) : 뼈를 분리한 살코기만을 말한다.

### 2) 돼지(pig)

돼지는 멧돼지를 가축화한 것이며 중국에서는 일찍부터 식용으로 이용하였다. 돼지의 종류는 수십 종이 있으나 크게 흰돼지와 흑돼지로 나눌 수 있다.

흰돼지는 비계가 두꺼워 살이 많이 찌고 빨리 크는 데 비해 흑돼지는 사료효율이 나빠 빨리 크지 않지만 살이 단단하고 맛이 좋다. 돼지고기는 잡은 지 3~4일이 지난 것이 가장 맛있으며, 오래되면 고기가 누렇고 단면이 희어진다.

돼지고기의 부위는 쇠고기만큼 자세히 분류하지 않고 목심, 등심, 안심, 갈비, 삼겹살, 앞다리, 뒷다리 등 7부위로 구분한다.

육색이 연분홍빛을 띤 것이 좋다. 부위에 따라 지나치게 짙은 색을 띠는 것은 질기고 맛이 없으며 고기 전체가 누런 것은 오래된 것이다. 지방층이 붉거나 부분적으로 변색된 것, 물렁물렁한 것은 피하도록 한다.

### 3) 양(ram)

양은 가장 역사가 오래된 가축으로 B. C. 7000년경부터 아시아의 서부 고원지대와 중앙아시아에서 길렀으며 우리나라에서는 백제 때부터 사육한 것으로 알려졌다. 양고기(mutton)는 생후 1년 7개월 이상 되고 체중 45~50kg 정도 되었을 때가 적당하다. 양고기는 섬유질이 연하며, 특유한 냄새가 난다. 육색은 선홍색 내지 벽돌색으로 쇠고기보다 엷으나 돼지고기보다는 진하다.

생후 10개월 미만, 체중 30~35kg 이하의 어린양고기(lamb)는 육질이 섬세하고 연하며 육색도 연한 붉은 색으로 나쁜 냄새가 없고 풍미가 좋아 징기스칸 요리나 로스구이 등에 사용된다.

## 7. 조육류(鳥肉類)

조육류는 닭, 칠면조, 오리, 거위, 꿩 등을 말하며 지역에 따라 선호하는 종류가 다르다. 우리나라의 경우는 닭고기, 오리고기를 선호한다.

### 1) 닭(chicken)

닭은 원래 들닭이었으나 B. C. 1700년경 인도에서 기르기 시작하였으며, 처음에는 신성시 되었으나 점차 달걀과 더불어 식용하게 되었다.

육용의 영계와 채란계의 폐계인 어미닭을 육계(broilers)라 한다. 연령, 성별, 무게, 부위 등에 따라 조리용도가 다르므로 구매 시 고려해야 한다. 닭고기는 갓 잡은 것일수록 맛있다. 고기가 단단하고 껍질막이 투명하고 크림색을 띠며 털구멍이 울퉁불퉁 튀어나온 것이 좋다.

닭고기는 수육에 비해 연하고 맛과 풍미가 담백하며 조리하기 쉽고 영양가도 높아 폭넓게 요리에 사용된다.

### 2) 오리(duck)

집오리는 유라시아 대륙에서 야생하던 물오리를 중국과 유럽에서 가금화한 것이다. 불포화지방산을 많이 함유하고 있어 성인병 예방에 좋다고 하여 요즘 각광을 받고 있다. 오리고기는 찌개, 구이 등으로 이용된다.

### 3) 칠면조(turkey)

칠면조는 멕시코의 아즈데카인에 의해 사육되어 이용되었다. 칠면조라는 이름은 축 늘어진 목의 피부가 흥분하면 청이나 자색으로 변화하는 것에서 이 이름이 붙었다. 다른 조류에 비해 몸이 커서 숫컷은 13~15kg, 암컷은 8~10kg 정도이다. 식용으로는 생후 7~8개월 정도의 것이 적합하다. 겨울이 가까워지면 지방이 붙어서 맛이 좋다. 구미에서는 크리스마스나 추수감사제의 요리에 또한 결혼식 등의 축하요리에도 이용된다. 다른 가축에 비해서 단백질이 많은 저칼로리 식품이다.

제 20 장

# 재미있는 식품 이야기

## 1. 송이버섯

송이는 특유의 향긋하고 쫄깃한 맛으로 미식가들 사이에서 가을철 식품의 귀족으로 꼽힌다. 살아있는 소나무의 잔뿌리에 기생해 자라는 송이는 강원 홍천과 양양, 경북 봉화 등지에서 8월 말부터 한 달 동안 자연채취 한다. 몸통의 길이가 10㎝ 정도에 손가락 굵기, 갓이 펴지지 않은 은백색의 송이를 상등품으로 친다. 독특한 휘발성 방향이 쉽게 날아가 버리므로 채취하고 시간이 오래 지나지 않아야 제 맛이 난다.

송이는 날것을 참기름을 넣은 소금장에 찍어 회로 먹는 것이 향기를 최고로 즐기는 방법이다. 하지만 소금물에 잠깐 담가뒀다가 살짝 구워 내거나 양념한 쇠고기와 함께 산적을 만들기도 한다. 전골이나 찌개 같은 국물요리에 넣어도 일품이다.

우리나라 송이버섯의 주산지는 태백산맥과 소백산맥을 중심으로 분포되어 있다. 송이는 20년부터 60년 된 적송에서 많이 난다. 소나무의 향기가 배어 있고, 독이 없으며, 맛이 달아 버섯 중에 으뜸이라고 '동의보감'은 밝히고 있다. 송이는 수분함량이 87.5%로 일본산 92.7%에 비해 훨씬 낮고 단백질 2.7%, 지질 0.3%, 탄수화물 7.6%, 섬유소 1.2%를 함유하고 있다. 그밖에 비타민 $B_1$, $B_2$ , 니아신, 에르고스테롤이 비교적 많이 포함되어 있으며 영양이 뛰어나다.

## 2. 삼계탕(蔘鷄湯)

예로부터 우리는 무더운 여름철 이열치열의 보양식품으로 펄펄 끓는 삼계탕을 먹으며 무더위로 떨어진 체력과 기력을 보했다. 여름철 보신식품으로 보신탕 등 다른 식품들도 있지만 남녀노소 누구나 거부감 없이 즐길 수 있는 식품으로는 단연 삼계탕이 으뜸이다. 삼계탕은 어린 닭의 배를 갈라 내장을 들어내고 인삼과 찹쌀, 마늘, 대추 등을 넣고 물을 부어 푹 고아서 만든 식품으로 예로부터 원기가 없을 때, 입맛을 잃었을 때, 산전·산후 또는 큰 병을 앓고난 뒤 회복을 위해 먹었다.

유래는 정확히 알 수 없지만 조선 후기의 기록인 '동국세시기', '경도잡지', '열양세시기'등에 기록이 있고 조선 중종 때 풍기군수 주세붕 선생이 처음으로 풍기에 인삼 재배를 시작했던 점으로 미뤄 이때 이후 널리 퍼진 게 아닐까 짐작된다. 오랫동안 계삼탕으로 불려오다 인삼이 대중화되고 외국인들 사이에도 영약(靈藥), 인삼의 효능이 널리 알려지게 되자 어느 때부터인가 인삼을 닭 앞에 놓아 삼계탕으로 바꿔 불리게 된 것으로 전해진다.

그러면 왜 하필이면 가만있어도 땀이 줄줄 흐르는 무더운 복날 절식으로 뜨거운 삼계탕을 즐기게 됐을까. 닭고기와 인삼의 성질이 따뜻해서 여름철 발열로 차가워진 속을 데워주기 때문이다. 여름철에는 몸의 양기가 표면으로 나오고 속에는 찬 기운이 남게 되는데 여기다 찬 음식을 많이 먹게 되면 속은 점점 더 차가워지게 된다. 그래서 소화기능도 떨어지고 기운도 떨어진다. 이럴 때 삼계탕을 먹으면 속이 따뜻해지면서 체내조절 기능이 회복돼 기운이 생기고 더위를 이길 수 있는 저항력도 생기기 때문이다.

## 3. 초당두부

쟁반 위에 놓여 있는 것을 바라보면 막두부 한 모나 순두부에 불과하지만, 제조과정은 다른 어떤 식품에 못지않을 만치 복잡하고 정성을 쏟아 부어야 비로소 완성되는 식품이 두부다. 간장 같은 양념을 치지 않고 고소한 뒷맛을 음미하는 것이 두부의 제 맛을 음미하는 방법이다.

초당두부가 유명한 것은 동해바다의 청정한 바닷물을 간수로 이용하기 때문이다.

바닷물을 이용한 것은 소금을 구할 수 없었던 지난날의 고육책에서 비롯되었다. 두부는 간수와 불가분의 관계를 맺고 있다. 그런데 강릉이 자리잡은 동해안에는 서해 염전에서 생산되는 천일염이 생산되지 않았다. 바닷물로 소금을 대체한 것은 지난날 이곳에서 살았던 초당 허엽 선생 후손들의 아이디어였다.

허엽은 이조 선조 때의 문신으로 30년 동안이나 벼슬을 지냈지만, 생활이 한결같이 검소했다. 그는 '홍길동'의 저자로 알려진 허균과 8세 때부터 한시를 쓴 시인 허난설헌의 아버지이기도 하다.

물론 품질이 우수한 토종 콩을 선택할 줄 아는 안목이 중요하지만, 초당 두부는 일반적으로 소홀하기 쉬운 콩을 불리는 작업을 매우 중요하게 여긴다. 겨울에는 12시간, 봄·가을에는 8시간, 여름철에는 6시간을 불리고 난 뒤에 비로소 갈기 시작한다. 그 갈아진 콩을 올이 꼼꼼한 천으로 걸러 콩물만 빼낸 다음 커다란 가마솥에 붓고 장작불로 끓이면서 젓는다.

순두부의 맛을 결정하는 것은 불을 지피는 과정에서 불의 세기를 끓어오름의 수준과 함께 적당하게 조절하는 것, 그 다음이 간수 맞추기다. 간수가 얼마나 들어가느냐에 따라 순두부가 부드러워지기도 하고, 딱딱해지기도 하기 때문이다. 바닷물은 큰 물통에 미리 떠다가 불순물을 가라앉힌 다음 사용한다. 콩 갈기에서 두부가 완성되기까지는 잠시도 한눈을 팔거나 소홀히 해선 안 되는 100여분의 시간이 필요하다.

## 4. 파

파는 양파에 밀려 전세계적으로 극히 일부 국가에서만 재배되고 있지만 국내에서는 특유의 향기와 맛 때문에 주로 양념 채소로 사용해오고 있다. 특히 조선시대에는 입춘 날 먹는 시식(時食)으로 다섯 가지 매콤한 나물을 무친 오신채(五辛菜)라는 것이 있었고, 그 재료로는 지역에 따라 파, 마늘, 여뀌, 쑥, 산개, 속, 무, 미나리 중 다섯 가지를 골랐는데 대부분 파를 첫 번째로 사용할 정도로 중요한 채소로 여겨왔다.

현재 국내에서 재배되고 있는 파는 줄기의 하얀 부분을 이용하는 대파, 전체를 먹는 쪽파, 잎을 잘라 먹는 잎파 등 크게 세 가지이다. 이중 요즘 가장 많이 먹는 대파는 1910년 경술국치를 전후해 도입된 일본종 계열이다. 수백년 이상 국내에서 재배되면서 나름대로 독특한 유전인자를 형성한 토종 파는 잎파 계열과 쪽파 두 종류이다. 그러나 지역마다 재배되던 독특한 토종파들이 거의 사라졌거나 사라질 위기에 놓여있다. 일본에서 대파 품종이 도입되기 이전까지 국내에서 널리 재배됐던 토종파중 대표적인 파는 당시 조선파로 불리던 잎파계열의 '서울파'였다. 서울·경기도 등 중부 지역에서 주로 심어졌던 서울파는 향기와 질감 등이 대파와는 비교가 안 될 정도로 뛰어났다.

## 5. 영광굴비

바다와 강, 하천에 서식하는 물고기는 1만 3천여종이나 되지만 식탁에 오르는 것은 350여종에 불과하다. 한국인이 먹는 생선은 150여종이다. 좋아하는 생선도 나라마다 다른데 일본은 도미, 중국은 잉어, 미국은 연어, 프랑스인는 넙치를 즐겨 먹고, 한국인은 참조기를 가장 선호하는 것으로 조사됐다. 이 조기를 소금으로 간해 말린 것이 굴비다. 굴비는 보관과 조리가 간편하고 맛이 뛰어나 오랜 세월동안 사랑을 받아왔다.

### ■ 굴비는 왜 영광 법성포에서만 제조되는가

영광굴비는 전남 영광군의 법성과 염산, 불갑의 산물이다. 법성(法聖)포는 백제 침류왕(384년)때 인도 승려 마라난타가 남중국 동진(東晋)에서 배를 타고 건너와 '성자(聖)가 불경(法)을 갖고 찾아온 곳'이라는 뜻에서 붙여진 이름이다. 불갑(佛甲)

은 한자풀이대로 맨처음(甲) 지은 절집(佛)이란 뜻이며, 염산(鹽山)은 소금을 생산하는 데서 나온 지명이다.

서해에서 잡은 조기는 법성으로 운반돼 염산에서 생산된 소금으로 절여 굴비로 제조됐고, 이 굴비는 배로 2~3일이면 전국 각지에 운반돼 판매됐으니, 영광은 원자재(조기)와 부자재(소금), 유통구조를 모두 갖추고 있었던 셈이다.

법성에서는 또 뛰어난 생선 건조기술을 개발하고 발전시켰다. 오징어, 죽상어, 갯장어 등 온갖 생선은 물론 한겨울 영하 30도까지 내려가는 대관령 덕장에서 제조하는 북어조차도 부패 방지를 위해 내장을 빼낸 뒤 건조시켰다. 그러나 굴비는 참조기를 소금으로 간해 내장째 원형 그대로 말렸다. 내장이 터지거나 형체가 손상된 것은 상품가치를 상실한다. 다른 지역에서 굴비를 제조할 꿈도 꾸지 못한 것은 이같은 제조기술의 노하우를 뛰어넘지 못했기 때문이다.

■ 굴비의 유래

굴비는 고려 인종때 영광에 유배된 권신 이자겸이 왕에게 굴비를 진상하면서 '비굴하게 살지 않겠다'는 뜻으로 굴비(屈非)라 불렀다는 데서 유래한다. 이자겸은 굴비를 진상한 뒤 귀양살이에서 풀려났다. 이때부터 영광굴비는 궁중 진상품이 되었다지만, 굴비는 이보다 훨씬 앞서 삼국시대 때부터 제조되었다. 백성들 사이에서는 너무 맛이 있어 '밥도둑'으로 풍자되었으며, 굴비두름을 걸어놓고 그저 바라만보면서 식사를 했다는 '자린고비'의 일화도 전해지고 있다.

굴비는 3월부터 산란하기 위해 북상하는 조기를 그물로 잡아 제조했다. 조기철이 되면 법성포와 연평도 등 서해안 곳곳의 항구에서는 1960년대까지 파시가 형성되었다. 참조기와 비슷한 어종으로는 부세, 반어, 백조기 등이 있는데 참조기의 어획량이 줄어들자 굴비로 둔갑하고 있으며, 최근에는 중국산 조기가 수입돼 굴비로 제조되기도 한다. 굴비는 길이와 무게 등에 따라 딱돔(700~1,000g), 중딱돔(500~600g), 오가잽이(400g), 장대(300g), 애제이(300g 정도) 등 5종으로 분류하는데 딱돔 등은 구경하기조차 힘들다.

■ 제조 비법

굴비는 비늘 제거, 염장, 엮기, 건조, 보관의 5단계를 거쳐 완성된다. 비늘 제거는 가장 상하기 쉬운 내장부분에 염기가 스며들게 하기 위해 배부분을 칼로 3~4회 긁어주는 것을 말한다. 염장은 설장법, 염수법, 염건법 등이 있으나 소금을 뿌린 조기를 쌓고 위에 식염을 뿌린 다음 누름돌을 얹는 염적염수법이 보편적으로 사용되었다.

염장이 끝난 조기는 한 두름으로 엮어 바람이 잘 통하는 곳에 걸대를 설치해 말린다. 시기는 음력 3월부터 5월 중순께까지, 기간은 날씨에 따라 보름에서 3주 정도가 걸린다. 걸대에 걸린 조기는 밤에는 이슬을 맞고 낮에는 바닷바람을 쐬며 이슬이 흘러내리면서 간이 조절되는 과정을 거쳐 굴비로 완성된다. 그러나 장기간 보관해야 할 굴비는 여름철 뜨거운 햇살 아래 마당에서 말린 통보리를 항아리에 시루떡처럼 보리, 다음엔 굴비, 또 보리, 굴비 순으로 넣고 보관했다. 보리굴비는 기름기가 껍질에 배어나 누런 색을, 속살은 잿불에 구우면 자수정 빛깔이 났으며 해를 넘겨도 상하지 않았다.

그러나 요즘에는 냉동고의 발달과 소비자의 입맛, 상인들의 장삿속이 맞아떨어져 소금에 절인 조기를 엮어 바로 냉동고에 넣어 보관하거나 많아야 2~3일 말리는 시늉만 한다. 굴비는 열기가 약한 잿불 위에 석쇠를 놓고 껍질을 벗겨 참기름을 발라 알맞게 구운 뒤 고추장에 찍어 먹어야 제 맛이다.

## 6. 명태

매서운 찬바람에 얼얼해진 입맛을 살리는 데 무엇이 제격일까. 생태찌게, 아니면 동태매운탕? 시원한 북어국은 어떨까? 황태찜은 어떨까? 이름은 제각각이지만 이들 메뉴의 재료는 한가지다. 바로 '명태'다. 예로부터 '맛 좋기는 청어, 많이 먹기는 명태' 라는 말이 있다. 그만큼 명태는 우리나라 사람들이 즐겨먹는 생선이다. 특히 명태는 매년 12월부터 이듬해 4월까지 산란을 위해 동해안으로 몰려든다. 겨울이 명태요리를 맛보는 제철이란 얘기다.

보통 갓 잡은 명태(明太)는 생태(生太), 얼린 것은 동태(凍太), 그냥 말린 것은 북어(또는 건태, 乾太), 눈 속에서 얼렸다 녹였다를 반복하며 노랗게 말린 것은 황태(黃太)라고 불린다. 그리고 코다리는 명태를 꾸들꾸들하게 반쯤 말린 것, 노가리는 2~3년생 명태 새끼를 가리킨다. 또 봄에 잡은 명태는 춘태(春太), 가을에 잡은 것은 추태(秋太), 겨울에 잡은 것은 동태(冬太)라고 부른다. 또 그물로 잡아 올리면 망태(網太), 낚시로 잡은 것은 조태(釣太), 근해에서 잡은 것은 지방태(地方太)라고 하는 등 명태의 별칭은 다양하기 그지없다.

일반적으로 흰 살 생선은 단백질이 풍부하고 지질이 적어 맛이 담백하다. 명태도 예외가 아니다. 실제 명태살의 주요 성분은 단백질이며 칼슘도 많다. 명태의 간유(간에서 뽑아낸 기름)에는 대구 한 마리의 3배에 해당하는 비타민 A가 들어 있다. 명태를 자주 먹으면 눈이 밝아진다는 속설은 이 때문이다. 무엇보다 현대인들에게 큰 도움이 되는 것은 명태의 해독 기능이다. 명태 국물은 체내의 독성을 제거하는데 뛰어난 효과가 있는 것으로 알려져 있다. 기름기도 상대적으로 적어 비만환자나 노인들도 안심하고 먹을 수 있는 것이 큰 장점이다.

## 7. 황태

황태(노랑태)는 명태의 여러 형제 중 한 명이다. 한겨울에 밤에 얼고 낮에 녹기를 몇 번이고 반복하면서 군살 한점 없는 완벽한 몸매를 갖춘 명태가 바로 황태다. 좋은 황태가 되기 위해서는 첫째도 날씨, 둘째도 날씨, 셋째도 날씨다. 그래서 황태는 "하늘이 내린다"고 한다. 날씨가 춥기만 하고 눈이 안 내리면, 고기가 수분을 빨아들이지 못해 '깡태(육질이 딱딱한 황태)'가 되고, 바람이 너무 세게 불면 '백태(하얗게 변한 황태)'가 된다.

황태는 보통 11월 말부터 이듬해 5월까지 덕대에 걸려있다. 그리곤 창고에 가서 물기를 마저 빼낸 다음 6~7월쯤 시장에 나온다. 그러나 다른 농산물과 달리 황태는 그해 나온 '햇것'보다는 한 해 정도 묵은 것이 육질이 더 좋다고 한다. '햇것'은 물에 넣으면 간혹 육질이 풀어지기 때문에 그 해 황태를 바로 시장에 내놓기보다 이듬해 내놓는 경우도 있다.

## 8. 과메기

서민들의 생선인 꽁치를 어정쩡한 상태가 되도록 말린 것이 과메기다. 과메기의 맛은 더위와 추위, 어둠과 밝음, 산과 바다 등 양극화된 대립항들의 황금 조화에서 나온다. 과메기 속에서 밤의 추위와 낮의 포근함이 사나흘간 어우러지며 맛을 만들어 낸다.

과메기를 제대로 말리려면 기온이 영하와 영상을 오가야 한다. 그래야 얼었다 녹았다를 반복하면서 맛과 색이 골골하게 오른다. 꽁치를 보름쯤 말린 것이 '통마리', 배를 따고 반으로 갈라 사나흘쯤 말린 것이 '배지기'다. 예전에는 과메기라 하면 청어를 말린 것이었다. 과메기라는 말은 저장시설이 발달하지 않았던 시절에 청어의 눈을 꿰어(貫目魚) 부엌의 환기구에 매달아 저장한데서 유래되었으며, 한자로 '관목어'가 음의 변화로 인하여 '과메기'가 되었다는 설이 유력하다. 훈제법을 이용한 저장방법이었다.

## 9. 전어

15㎝ 안팎의 작은 바다물고기에 바친 찬사로서는 너무 심한 듯도 느껴진다. 이를

테면 '가을 전어 머리엔 참깨가 서 말'이라느니, '가을 전어 굽는 냄새에 집 나간 며느리도 되돌아온다'느니 하는 말이 있다. 돈이 아깝지 않기 때문에 전어(錢魚)란 말도 있다. 하지만 전어는 명성만큼이나 맛이 있다. 특히 가을엔 그렇다. 3~8월 산란기를 마친 전어는 9월 초부터 뼈가 부드러워지고 살이 오른다. 그래서 '가을 전어'다.

## 10. 안동 간고등어

소금에 절였으면서도, 바다에서 금방 잡아 올린 것처럼 전혀 손색없는 신선도를 유지하는 것이 안동 간고등어이다. 이 간고등어가 안동지방의 특산명물로 명성을 얻게 된 것에는, 일제시대 전까지도 우리나라의 교통수단이 육로보다 수로에 의존해 왔다는 것을 기억할 필요가 있다. 전라도의 염전에서 천일염을 실은 소금배가 남해 연안을 휘돌아 부산의 수영만에서 낙동강 하구와 만났다. 그 곳에서 급한 물살을 억척같이 거슬러 올라 낙동강의 안동포구에 당도했었다. 한편, 동해에서 잡힌 고등어는 보부상들의 지게에 얹혀 영덕의 강구항에서 출발하여 황장재와 가랫재라는 두 개의 가파른 고개를 넘어 안동에 도착하면서 전라도에서 당도한 소금 배와 조우하게 되었다. 수로와 육로의 애환이 켜켜이 배어있는 절묘한 만남이 안동 고유의 염장문화(鹽藏文化)가 완성될 수 있는 계기를 만들었다.

그러나 지금 '안동 간고등어'에서 사용하는 고등어는 육질이 단단한, 제주도 연근해에서 잡힌 것들이다. 안동에 도착한 생고등어는 곧장 배를 절개하여 살과 뼈만 온전하게 남도록 내장을 완벽하게 제거시킨다. 그리고 바닷물과 똑 같은 염도의 간물에 침수하여 핏자국의 흔적을 지우게 되는데, 더불어 자반의 육질도 단단하게 굳어진다. 그 다음에 이른바 '염장 지르기'가 시작된다. 염장지르기를 마친 간고등어는 24시간 숙성 과정을 통하여 단맛을 내고 비린내를 가시게 한다.

## 11. 민어

여름의 여왕이라고 불리는 민어.

서울과 기호 지방에서 한여름 보양식으로 특히 사랑받았다. 옛날에 서울에서는 민어찌개로 기운들을 북돋우었다. 서해와 남해에서만 잡히는 민어는 살이 단단하고 고소해서 최고급 횟감으로 쳤다. 맑은 기름이 자르르 도는 찌개는 땀 뻘뻘 흘리며 먹던 별미의 보양식이었다. 연한 분홍빛을 띤 투명한 회는 일본식 사시미와는 달리 두께 8㎜쯤 도톰하게 썰었다. 쫄깃하게 씹히는 맛이 일품으로 비린내가 전혀 안 나며 고소하다. 고추냉이를 섞은 간장에 찍어먹기도 하지만, 삶은 양배추 잎에 회를 두세 점 얹고 마늘장아찌 한 쪽, 어리굴젓 한 젓갈, 깻잎 장아찌 한 장을 얹어 자그맣게 한 입 크기 쌈을 싸먹으면 감칠맛과 여운이 드리워진다.

## 12. 은어

민물고기 가운데 가장 깨끗한 고기가 은어(銀魚)다. 잘 자란 것은 30㎝ 가량 되고 작은 것도 15~18㎝쯤 된다. 특히 6~8월의 은어 회 맛은 입에 무는 순간 주체할 수 없을 만큼 샘솟는 침과 코끝을 오랫동안 자극하는 수박 향기가 감동 그 자체다. 조선시대 한 선비가 "죽는 것은 괜찮은데 상놈의 입에 들어갈까 슬프다"는 유언까지 했다는 물고기다.

원래 은어는 낙동강 700리를 노닐던 '안동은어' '봉화은어'가 으뜸이었다. 수라상에 오른 것은 물론이고 한양 고관대작들에게 바치는 뇌물로도 진가를 발휘했다. 혹여 은어가 상할까봐 이 지역에선 석빙고까지 만들어 보관했다는 조선 영조 때의 기록이 있다. 이른 봄 바다에서 섬진강을 거슬러 올라 급류에서 노는 은어는 사투리로 은광어, 은구어, 치리, 열광어로 불리며 맑고 깨끗한 1급수의 물이 빠르게 흐르는 하천에서 서식하는 1년생 회귀성 토종어족이다.

이처럼 옛날부터 진귀한 민물고기로 인식되었던 은어는 맑은 하천이나 강밑바닥에 살면서 발달한 입턱으로 돌이끼를 갉아먹는데 이러한 습성으로 인해서 자연산 은어는 독특한 수박향 혹은 오이향을 내기도 한다.

## 13. 홍어

한 겨울에 홍어는 더 맛이 난다. 찬바람 쌩쌩 부는 동짓달, 섣달이면 홍어가 흑산 근해로 산란을 하러 오기 때문이다. 알 찬 홍어가 맛있다고 한다. 흑산 홍어는 귀물 대접을 받는다. 그래도 한 때 한 척밖에 남지 않았던 홍어잡이 배가 이제는 많이 늘어났다. 홍어가 잡히는 곳은 뻘과 모래가 섞여있는 심해이며, 흑산 홍어는 깊은 바다에서 전복 같은 고단백식품을 먹고 자라 맛이 좋다고 한다.

홍어 맛의 생명은 코를 통해 곧장 올라와 뇌리를 자극하는 암모니아 냄새다. 그것은 역겨워야 완성되는 역설의 미각이다. 흑산도의 바다와 기후와 인심이 결합돼야만 제대로 된 홍어 맛을 만들어 낸다. 공기를 가르며 몰아치는 홍어 냄새는 한 겨울 강풍처럼 매섭다. 프랑스의 염소 젖 치즈, 동남아 열대 과일 두리안처럼 그 냄새를 즐길 수 있어야 맛의 세계에 범접할 수 있다. 옛날에는 홍어를 두엄더미에 파묻었다지만 요즘에는 숨 쉬는 옹기 항아리에 사흘 정도 넣어둔다.

홍어는 무게가 8kg이 되면 '미짜리', 작은 건 '팔랭이'라고 부른다. 수컷은 크기가 작아서 8kg 정도면 대개 암컷이다. 작은 건 부드럽긴 한데 깊은 맛이 없다. 부위마다 다양하고 깊은 맛은 적당한 크기가 돼야 나오는 것이다. 홍어 중에서 으뜸으로 치는 건 코다. '일 코, 이 날개, 삼 꼬리, 사 살'이라고들 한다. 어떤 이는 애(간)를 최고로 친다.

홍어는 삼합(三合)으로 먹어야 한다. 삼은 완성의 숫자다. 삼합이란 적당히 삭힌 홍어, 삶은 돼지고기, 잘 익은 김치가 만나는 것이다. 입은 하나인데, 맛은 세 가지가 충돌한다. 기름진 돼지고기와 매콤한 김치 때문에 처음에는 홍어의 꼬릿꼬릿한 냄새가 거의 느껴지지 않는다. 하지만 돼지고기가 목구멍으로 넘어가며 홍어 특유의 퀴퀴한 향이 날카로운 여운으로 남는다.

겨울이면 홍어애탕이 최고다, 큰 홍어에서는 보기 드물게 큼직한 간이 나온다. 토장을 푼 국물에 홍어간과 내장을 넣고, 냉이와 보리 나물을 넣는다. 시원한 국물에서 바다의 맛이 솟아오른다. 고기를 먹을 줄 아는 사람들 중에는 간 맛을 일미로 치는 사람이 많다. 홍어 애 몇 점을 날로 먹으면 입 안에서 흐물흐물 허물어지면서 우유처럼 감미로운 뒷맛이 혀에 박인다. 잘 손질한 푸아그라보다도 낫다. 이게 바로 심해의 맛이다.

## 14. 한국인, 얼마나 짜게 먹나

한국인의 하루 소금 섭취량은 15~20g. 티스푼 3~4개 분량에 해당하는 양으로, 세계보건기구(WHO)가 권고한 적정 섭취량(6g)보다 최고 3배 이상 많다. 전문가들은 "소금이 많이 들어간 국· 찌개·김치에 각종 염장식품 밑반찬을 곁들여 먹는 식단이 문제"라고 지적한다.

우리가 먹는 거의 모든 식품은 따로 소금을 치지 않아도 소금 성분이 조금씩 들어 있다. 가령 소금은 쌀밥 1공기(90g)에 4.5㎎, 고구마 반쪽(130g)에 48.75㎎, 돼지고기 등심 1인분(100g)에 165㎎, 달걀 1개(69g)에 157.5㎎이 들어 있다. 고기와 곡류 뿐 아니라 짠맛을 거의 느낄 수 없는 채소와 과일에도 소금은 어김없이 들어 있다. 귤 1개(100g)의 소금함량은 15㎎이다. 이런 식으로 우리가 자연을 통해 섭취하는 소금은 하루 2g 안팎으로, 인체가 필요로 하는 소금의 양과 얼추 일치한다. WHO는

6g을 권고하고 있지만, 인체에 필요한 최저량은 1.5~2g이다. 이론적으로 소금을 전혀 먹지 않는 '무염식'을 해도 몸에는 이상이 없는 셈이다.

문제는 한국인의 밥상에 소금을 추가로 뿌리지 않은 메뉴가 거의 없다는 점이다. 때문에 특별히 짭짤한 음식을 좋아하는 사람이 아니라도 소금을 과다 섭취하기 쉽다. 예를 들어 보리밥, 미역국, 달걀부침과 배추김치로 아침을 먹으면 대략 소금 3.5g을 먹게 된다. 간식으로 먹는 커피 한 잔과 비스킷 세 조각에도 소금 2g이 들어 있다.

점심시간에 비빔밥을 먹고 간단한 국물을 곁들여 마시면 소금 5g이 몸에 들어온다. 저녁식사 때 보리밥, 김구이, 김치, 우거지국, 고등어구이 한 토막을 먹으면 소금 3g을 또 섭취하게 된다. 스낵 한 봉지(소금 함량 1.5g), 라면 한 개(2~2.5g)를 삶아 먹으면 하루 소금 섭취량은 17g으로 뛴다. 영양학회 기준에 따라 심심하게 요리를 해도 이 정도이기 때문에 짠맛을 즐기는 사람은 자기도 모르게 소금을 하루 25~30g씩 먹게 된다.

사람의 혀에 있는 오돌토돌한 돌기에는 맛을 감지하는 기능을 하는 '미뢰'라는 조직이 있다. 미뢰의 기능은 나이가 들수록 떨어지기 때문에 한 번 짠맛에 길든 사람은 갈수록 소금을 더 많이 먹게 된다.

## 15. 유기농산물이란 무엇인가

최근 안전에 대한 소비자들의 관심이 급증하면서 유기농 시장이 급증하고 있다. 일반 농산물보다 값이 2배가량 비싼 데도 유기농산물이 잘 팔리는가 하면, 시장 규모도 매년 30% 이상 커지고 있다.

흔히, '유기농'을 안전성 농산물의 대명사인 것으로 생각하지만, 엄밀히 말하면 유기농산물은 친환경 농산물의 여러 분류 중 하나이다. 농약, 시비, 화학재료 등의 적정 사용기준을 준수하고, 또 축산분뇨를 적절하게 처리하는 등 환경을 보전하면서 안전한 농산물을 생산하는 '친환경 농법'으로 생산되는 농산물을 말한다. 친환경 농산물은 농산물 검사소에서 실시하는 농약잔류 검사 등을 통과해야 하며, 이 밖에도 재배·포장·수확시기·수확 후 관리상황·가공관리 조사 등 여러 가지 까다로운 요건들을 만족시켜야 한다.

환경 농산물을 크게 유기재배 농산물, 전환기유기재배 농산물, 무농약재배 농산물, 저농약재배 농산물 등 4종류로 분류된다.

유기재배농산물은 3년 이상 농약과 화학비료를 사용하지 않은 농지에서 생산된 농산물을, 전환기 유기재배 농산물은 1년 이상 3년 미만 농약과 화학비료를 사용하지 않은 농지에서 생산된 농산물을, 무농약재배 농산물은 농약을 사용하지 않고 화학비료는 적정 시비량을 준수한 농지에서 생산된 농산물을, 저농약재배는 농약을 일반재배 기준량의 50% 이하를 사용해(화학비료는 적정시비량 준수) 생산된 농산물을 말한다.

## 16. 소주

서울에서 주로 마신 술을 무엇일까.

조선시대에는 술의 종류가 2백여 종이 넘을 정도로 찬란한 술문화를 형성했다. 고장과 가문에 따라 술을 다양하게 만들었다. 남부지방에서는 탁주를, 북부지방에서는 소주를 많이 마셨다. 중부지방의 상류층에서는 고급청주인 약주를 마셨다. 서울에서는 6.25전까지만 해도 여름에만 소주를 마셨다. 해방과 전란 통에 북쪽 사람들이 많이 내려와 겨울에도 소주를 마셨으므로 소주가 사계절용이 됐다.

서울의 상류층은 고급청주인 약주를 애용했다. 우리나라에서는 오랫동안 탁주와 약주의 구별이 없었다. 그러나 막 걸렀다는 뜻의 막걸리와는 구별했다. 서민층에서는 막걸리를 주로 마셨지만 상류층에서는 술로 치지 않았다. 엄밀히 말해 약주는 발효된 술밑에 용수(술을 거르는데 쓰는 통)를 박아 용수 속에 고인 것을 떠낸 것이다.

## 17. 무가당 · 무설탕 음료

무(無)가당이나 무(無)설탕 주스는 당(糖)이 전혀 들어있지 않을까? 우리가 날마다 먹고 마시는 식·음료들은 갖가지 마케팅 전술로 치장해 소비자를 유혹한다. 때로는 교묘한 표현을 통해, 때로는 너무나 당연한 사실인데도 일반 소비자들이 잘 모른다는 점을 이용해 눈길 끄는 표현으로 살짝 치장해 소비자들의 시선을 붙잡는다.

다이어트를 원하는 여성이나 당뇨질환 환자들을 중심으로 인기 있는 무가당이나 무설탕 음료를 보면, 무가당이나 무설탕 음료에는 '용어와 달리' 당(糖)이 들어있다. 심지어는 가당·가설탕 제품과 비교해 당도에 있어서는 1~2% 정도밖에 차이가 안 난다. 어떤 제품은 오히려 많기도 한다.

그렇다면 무가당과 무설탕의 정확한 의미는 무엇일까? 무가당이란 말 그대로 당 성분을 따로 첨가하지 않았다는 얘기다. 무설탕 역시 설탕을 따로 넣지 않았다는 의미다. 그러나 당을 더 넣지 않은 무가당 주스라 하더라도, 과일 자체의 당 성분이 '충분히' 들어있으며, 무설탕 음료 역시 설탕 대신 액상 과당을 넣어 당도가 높을 수 있다.

실제로 음료 제품의 당도를 재봤더니, 무가당 주스인 한 제품은 15.2%(순수 설탕이 100이라고 했을 때 상대적 당도)로 가당 제품의 15.5%와 비슷한 수준으로 나타났다. 무가당 주스의 당도가 대부분 11.2~11.8%로 일반 과일음료의 당도(12.2~13.0%)와 큰 차이가 없었다. 그리고 어떤 제품은 '무설탕'이라고 표시돼 있지만, 실제로는 액상 과당이 첨가돼 12.2%의 당을 포함하고 있었다. 무설탕 제품이라고 밝혔기 때문에 소비자들은 당이 전혀 없다고 오인할 우려가 있는 것이다.

그렇다면 다이어트 중이거나 당뇨병을 앓고 있는 소비자들은 어떤 제품을 골라야 할까? 우선 제품의 정확한 칼로리나 당 함량을 확인한 뒤 먹어야 한다. 하지만 현재 제품마다 이런 정보가 명확히 표시되지 않고 있다.

## 18. 이온음료

보통 스포츠 음료라고 할 때는 이온음료를 말한다. 이온음료는 체액과 이온조성 농도가 가장 유사하기 때문에 물보다 2~3배 흡수가 빠를 뿐 아니라 땀을 흘릴 때 빠져나가는 나트륨과 칼륨 등 인체 신진대사에 꼭 필요한 전해질도 효과적으로 보충해 준다. 이온음료는 군인들이 행군할 때나 제철 공장처럼 더운 환경에서 작업할 때 발생하기 쉬운 열피로를 풀어주는데 제격이다. 감기나 설사, 발열로 탈수현상이 발생할 때도 이를 효과적으로 제어해주기 때문에 소아과 병원에서는 탈수현상이 있는 아기들에게 이온음료를 권하기도 한다. 또 목욕과 음주 후 갈증도 시원스럽게 해소해 줄 뿐 아니라 수분손실 감지능력이 부족해져 인체의 수분 함유량이 30~40%로 감소하게 되는 노인들의 수분 보충에도 좋다.

이온음료의 또 다른 장점은 알칼리성 저칼로리 음료라는 점이다. 몸이 산성화되면 신체에 대한 피로도가 증가하고 질병에 대한 저항력이 약화되는데 알칼리성인 이온음료는 신체를 알칼리성으로 만들어준다. 게다가 기존 청량음료에 비해 낮은 칼로리를 함유하고 있어 비만을 걱정하는 사람도 부담 없이 마실 수 있다. 이온음료는 탈수증이 있을 때 병원에서 맞는 링거를 본 음료개발팀이 마시는 링거를 만들 수 없을까 하는 점에 착안해 만들었다는 개발 뒷얘기가 있다.

## 19. 식용유 제대로 알고 먹자

일반 식용유보다 2~3배 비싼 올리브유가 인기를 얻고 있다. 옥수수나 콩(대두) 식용유 대신 홍화유, 해바라기유, 채종유 등 고급 식용유를 찾는 사람이 많아졌고, 최근에는 먹어도 살이 찌지 않는다는 '다이어트 식용유'도 등장했다. 그러나 식용유는 종류마다 맛과 영양 · 성질이 다르므로 비싼 식용유가 무조건 좋은 게 아니다. 조리법과 음식재료 등에 따라 적절한 식용유를 선택해야 한다.

가정에서 사용하는 식물성 식용유는 지방산의 종류에 따라 포화지방산 함량이 높은 코코넛유와 팜유, 다가불포화지방산 함량이 높은 옥수수유 · 대두유 · 홍화유 · 해바라기유, 단일불포화지방산 함량이 높은 올리브유 등으로 구분된다.

포화지방이 많은 코코넛유와 팜유는 향미(香味)가 좋고, 고온에서도 변질되지 않으므로 튀김 등 고온 조리에 적합하며, 기름의 산화(酸化)가 더뎌 스낵 등 조리한 식품을 오래 보관하는 데 좋다. 그러나 '나쁜 콜레스테롤(LDL)'을 증가시켜 심장질환 등을 유발한다는 게 단점이다. 따라서 가급적 적게 섭취하는 게 좋다.

반대로 다가불포화지방산이 많은 옥수수유 · 대두유 등은 '좋은 콜레스테롤(HDL)'을 증가시켜 콜레스테롤이 혈관벽에 달라붙는 것을 방지한다. 그러나 산화가 빨라 장기간 보관하는데 불편하며, 고온 조리에선 변질될 수 있어 부침개 등 저온 조리에 더 적합하다. 특히 여러 번 사용하면 심장병과 암 등을 일으키는 '트랜스지방산'으로 변질되므로 주의해야 한다. 고소하고 깨끗한 맛이 나는 홍화유 · 채종유 등은 샐러드 드레싱이나 무침용으로도 좋다.

단일불포화지방산이 80% 가까이 들어 있는 올리브유는 심장병 예방 효과가 가장 뛰어나며, 각종 암(특히 결장암)을 예방하고, 그 속의 폴리페놀 성분은 세포의 노화를 억제하는 것으로 밝혀져 있다. 산화 정도는 포화지방산과 다가불포화지방산의 중간 정도며, 모든 종류의 조리법에 모두 사용할 수 있다.

올리브유가 체중감량에 효과적이라는 사람이 많으나 사실과 다르다. '올리브유 다이어트'가 시작된 스페인 남부 안달루시아 사람들이 날씬한 이유는 올리브유 외엔 다른 음식을 아침에 먹지 않기 때문이다. 아침 식사로 먹는 햄 · 계란 · 감자 등보다 올리브유 한 숟가락의 칼로리가 적기 때문이지, 올리브유 자체에 다이어트 효과가 있는 것은 아니다.

# 20. 아로마(Aroma)와 부케(Bouquet)

香(향)이란 한자는 禾(벼화)자와 日(맛을 뜻하는 甘자의 변형)자가 합쳐 이루어졌다. 이는 쌀로 밥을 지을 때 풍기는 냄새가 입맛을 돋운다는 의미를 지니고 있다.

이처럼 향기는 맛과 밀접한 관계에 있는데 와인의 세계에서도 예외는 아니다. 영어의 flavor는 향기, 맛, 입안의 촉감 등에 의해 느껴지는 총체적인 와인의 맛을 가리키는데 향기와 동의어로도 쓰인다. 와인을 마시는 것은 곧 향기를 음미하는 것이라는 표현이 있을 정도로 향기는 와인의 생명과도 같다.

와인의 향기를 묘사하는 용어로는 아로마(Aroma)와 부케(Bouquet)가 있다. 아로마는 와인의 원료로 사용된 포도 자체에서 우러나오는 자연적인 향기를 말한다. 와인에서 느껴지는 과일향, 꽃향, 풀잎향, 약초향, 흙 냄새, 담배향 들은 아로마의 예다. 이에 비해 부케는 발효와 숙성과정에서 일어나는 와인의 화학적 변화에 의해 형성된다. 오크통에서 숙성을 거친 와인에 배어 있는 오크향(바닐라, 토스트 등의 향이 감지됨)은 부케의 예다.

아로마는 희랍어의 양념이나 향료를 뜻하는 말에서 유래했는데 이후 유쾌한 향기를 의미하는 단어가 됐다. 부케는 프랑스어로 작은 나무란 뜻이었는데 꽃다발로 그 의미가 변했고 근래 들어서는 와인의 향기를 묘사하는 데 쓰이고 있다. 결혼식에서 신부가 입장할 때 손에 든 꽃다발을 부케라고 부르는데 이는 향기가 좋은 여러 종류의 꽃으로 구성된다. 여기에서 개개의 꽃은 아로마로 또 이들이 꽃다발로 한데 어울려 발산하는 좀더 우아하고 복합적인 향기를 부케라고 이해할 수 있다.

아로마는 포도 자체에서 나오는 향기이기 때문에 신선하고 과일향이 풍부한 것이 특징이다. 이에 비해 부케는 부드럽고 감미롭게 느껴지며 아로마보다 미묘하고 복합적이어서 딱 잡아서 어떤 성격의 향기인지 파악하기가 어렵다.

와인이 향기는 포도의 품종, 산지별 토양과 기후, 빈티지(포도 수확 연도), 양조방법, 효모의 종류, 저장과 숙성 소선 등에 따라 가각 그 개성을 달리한다. 이 중

포도의 품종이 향기의 성격을 형성하는데 가장 큰 영향을 미친다.

아로마는 와인 산지의 태양과 흙이 빚어낸 자연의 향기로 이를 통해 와인 애호가들은 과일과 꽃 등을 재발견하는 기쁨을 맛보면서 또 이들 각각의 아로마들이 어울려 발산하는 복합적인 향연을 즐긴다.

## 21. 먹거리 원산지 구별법

| 품 목 | 국 내 산 | 수 입 산 |
| --- | --- | --- |
| 통도라지 | 줄기가 가늘고 짧다<br>줄기를 자른 단면이 불규칙하다<br>잔뿌리가 많고 원뿌리도 2~3개로 갈라진 것이 많다.<br>껍질에 흙이 비교적 많이 묻어 있다<br>수확한 지 얼마 되지 않아 신선하다 | 줄기가 굵고 길다<br>줄기 아래를 칼로 잘라 단면이 매끈하다<br>잔뿌리가 거의 없고 원뿌리도 1~2개로 매끈하다<br>껍질에 흙이 거의 묻어 있지 않거나 물로 씻어 깨끗하다<br>수확한지 오래돼 변질되거나 신선하지 않다 |
| 찢은 도라지 | 길이가 짧다<br>동그랗게 말리는 성질이 약하다<br>단단한 섬유질이 적어 깨물어 보면 부드러운 느낌이며 쓴맛이 거의 없다<br>껍질이 잘 벗겨지지 않아 일부 남아 있다<br>흰색이다 | 길이가 길다<br>동그랗게 말리는 성질이 강하다<br>단단한 섬유질이 많아 깨물어 보면 질긴 느낌이며 쓴맛이 강하다<br>껍질이 잘 벗겨져 깨끗하다<br>약간 노란색을 띤다 |
| 고사리 | 줄기가 짧고 가늘다<br>줄기 윗부분에 잎이 많이 붙어있다<br>색깔이 연한 갈색이고 털이 적다<br>독특한 향기가 강하다<br>물에 담그면 빨리 부풀고 옅은 검은색을 띤다 | 줄기가 길고 굵다<br>줄기 윗부분에 잎이 많이 떨어져 있다<br>색깔이 진한 갈색이고 털이 많다<br>독특한 향기가 약하다<br>물에 담그면 부푸는 속도가 느리고 짙은 검은색을 띤다 |

| 품 목 | 국내산 | 수입산 |
|---|---|---|
| 취나물 | 줄기가 가늘고 부드럽다<br>부서진 것이 적다<br>독특한 향기가 강하다 | 줄기가 굵고 딱딱하다<br>부서진 것이 많다<br>독특한 향기가 약하다 |
| 마른 표고버섯 | 갓이 크고 두껍다<br>자루가 길고 굵다<br>갓 표면과 갓 주름이 밝은 갈색이다<br>무게가 비교적 무겁다<br>독특한 향기가 강하다 | 갓이 작고 얇다<br>자루가 짧고 가늘다<br>갓 표면과 갓 주름이 짙은 갈색이다<br>무게가 비교적 가볍다<br>독특한 향기가 약하다 |
| 검은콩 | 낱알이 굵고 둥글다<br>손상된 낱알이 거의 섞여 있지 않다<br>배꼽속의눈모양이 회색의 타원형이며 그 속에 '-'자 갈색선이 뚜렷하다 | 낱알이 작고 둥글넓적하다<br>손상된 낱알이 섞여있다<br>배꼽속의 눈모양선이 회색의 타원형이며 그 속에 '-'자 갈색선이 희미하다 |
| 곶감 | 과육이 탄력이 있다<br>곰팡이 낀 것이 없거나 적다<br>꼭지 부위에 껍질이 아주 적게 붙어있다<br>꼭지가 동그란 모양으로 깎여 있다 | 과육이 딱딱하거나 물렁물렁하다<br>곰팡이 낀 것이 많다<br>꼭지 부위에 껍질이 많이 붙어 있다<br>꼭지가 깎이지 않고 원래모양 그대로 붙어있다. |
| 대추 | 열매자루와 배꼽부위 지름폭이 비슷하다<br>표면에 마모된 흔적이 드물다<br>과육과 씨가 잘 분리되지 않는다<br>대추를 한움큼 쥐고 흔들어도 소리가 나지 않는다<br>꼭지가 붙어있는 것이 많다 | 둥그런 사과 모양이다<br>표면에 마모된 흔적이 있는 것이 있다<br>과육과 씨가 쉽게 분리된다<br>대추를 한움큼 쥐고 흔들면 속의 씨가 움직이는 소리가 나기도 한다<br>꼭지가 거의 붙어있지 않다 |
| 밤 | 알이 굵다<br>번지르르하다<br>모양이 둥근 것과 둥글넓적한 것이 섞여있다 | 알이 잘다<br>번지르르하지 않다<br>모양이 둥글다 |
| 쇠고기 사태 | 육질이 탄력성이 있고 신선도가 높다<br>흰색 지방이 고르게 분포됐다 | 육질이 굳어 있고 신선도가 낮다<br>노란색 지방이 고르지 않게 분포됐다 |
| 쇠고기 양지 | 지방층이 얇고 가늘며 조밀하게 분포됨<br>고기 색깔이 진한 붉은색을 띠고 신선도가 높다<br>녹였을 때 육즙이 적다 | 지방층이 두껍고 넓게 분포됐다<br>고기 색깔이 검붉고 신선도가 낮다<br>녹였을 때 육즙이 많은 편이다 |

| 품 목 | 국내산 | 수입산 |
|---|---|---|
| 참조기 | 등 쪽은 회색을 띤 황금색이며, 옆줄 아래 쪽은 선명한 황금색이다<br>꼬리자루가 짧고 두툼하다<br>입술이 붉고, 눈 주위가 노랗다<br>지느러미가 노란색이고, 머리 상단부에 다이아몬드형 돌기가 있다 | 등 쪽은 회색바탕에 약간 붉은색을 띠며, 배 쪽의 황금색이 조금 떨어진다<br>꼬리자루가 길고 넓적하다<br>입술이 회색이고, 눈 주위가 붉다<br>지느러미는 회색바탕에 검은색이고, 머리 상단부에 다이아몬드형 돌기가 없다 |
| 부세 | 등 쪽은 황갈색, 중앙은 은백색, 배쪽은 황금색이다<br>몸의 형태는 꼬리 쪽으로 가늘어지고, 긴 삼각형에 가깝다 | 배 쪽은 유난히 선명한 황금색이며 가슴, 배, 뒷지느러미도 황금색이다<br>체고가 높고 어체가 크며 비만도가 높다 |
| 민어 | 몸은 전체적으로 어두운 흑갈색이고 배 쪽으로는 밝은 회백색이다<br>각 지느러미는 암갈색이며 입 안은 회색 또는 흑회색이다<br>등지느러미 위쪽은 무색바탕의 두 줄의 검은색 띠가 있다<br>꼬리지느러미는 길고 참빗 모양이다<br>아래턱 배 쪽 면에 네 개의 구멍이 있다 | 몸체가 크고, 체고가 높다<br>등 쪽의 색깔이 회색을 띤 흑색으로 연하다<br>각 지느러미는 몸통 색깔보다 약간 진한 회색이다<br>배 부분의 색깔은 흰색에 가깝다 |

# 참 · 고 · 문 · 헌

강춘기 외, 식품미생물학, 지구문화사, 2001.
고려대학교 생물학과 형태학연구실, 세포의 미세구조, 수문사, 1994.
권태완 외, 한국 식품학 입문, 고려대학교 출판부, 2003.
김경삼 외, 기초 식품학, 지구문화사, 1996.
박연선 외, 조리과학, 도서출판 효일, 2000.
방신영, 조선요리제법, 민속원, 1930.
　　　, 다른 나라 음식 만드는 법, 장충도서출판사, 1957.
서제원, 최신 식품학, 한올출판사, 2006.
신재영 외, 외식위생관리론, 백산출판사, 1999.
심우만 외, 일반화학, 광문각, 2004.
심창환 외, 식품학, 도서출판 효일, 2000.
우세홍 외, 식품위생학, 신광문화사, 2003.
유영상 외, 식품 및 조리원리, 광문각, 2000.
이성우, 한국식경대전, 향문사, 1998.
　　　, 한국식품사회사, 교문사, 1999.
　　　, 한국요리문화사, 교문사, 1999.
이장순 외, 식품학, 효일문화사, 1999.
이혜수, 기초 영양학, 교문사, 1999.
장지현, 한국 전래 발효식품사 연구, 수학사, 2004.
정약전 원저, 자산어보(1814), 지식산업사, 1977.
채수규 외, 표준 식품식품화학, 도서출판 효일, 2001.
한국조리과학회, 조리과학용어사전, 2003.

## 저자약력


**서제원** (徐齊源)

- 경복고등학교 졸업(서울)
- 한양대학교 건축공학과(레스토랑건축전공) 졸업
- 청주대학교 대학원 관광경영학과 졸업 (호텔 · 외식경영전공, 경영학석사)
- 경원대학교 대학원 관광경영학과 졸업 (호텔 · 외식경영전공, 경영학박사)
- 프랜차이즈(외식산업) "장터" 창업
- 휘닉스파크 한식당 외 다수 경영
- (美) 조리대학 C.I.A. 외식산업과정 수료
- (美) Hospitality Management Diploma from AH&MA
- 경원대학교, 수원대학교, 청주대학교 출강
- 한국관광학회 정회원
- 현) 한림성심대학 초빙 교수

**이홍경** (李弘京)

- 경원대학교 대학원 관광경영학과 졸업 (호텔 · 외식경영전공, 경영학 석사)
- 경기대학교 대학원 관광경영학과 박사과정
- 한림성심대학, 수원과학대학 출강



호텔·외식경영에 필요한 **기초 식품 조리 원리**

2007년 2월 20일 초판1쇄 인쇄
2007년 2월 25일 초판1쇄 발행

저 자 서 제 원 · 이 홍 경
펴낸이 임 순 재
펴낸곳 한올출판사
등록 제11-403호
121-849
주 소 서울시 마포구 성산동 133-3 한올빌딩 3층
전 화 (02)376-4298(대표)
팩 스 (02)302-8073
홈페이지 www.hanol.co.kr
e-메 일 hanol@hanol.co.kr
정 가 12,000원

저자와의 협의하에 인지생략





- ISBN 978-89-8325-864-9